KB150162

세상의 맛있는 빵도감

이노우에 요시후미 감수 | 박지은 옮김

Introduction
빵의 깊은 맛을 알면 먹는 즐거움은 배가 된다

Part 1 세상에서 만나는 맛있는 빵 113종

⬛ Italy 이탈리아
58

치아바타 Ciabatta
포카치아 Focaccia
그리시니 Grissini

로제타 Rosetta
파네토네 Panettone

판도로 Pan Doro
콜롬바 Colómba

🇩🇰 Denmark 덴마크
64

티비아키스 Tebirkes
트레콘브로트 Trekornbroad

라지 크링글 Large Kringle
코펜하게너 Copenhagener

슈판다우 Spandauer
쇼콜라데볼레 Chokoladebolle

🇫🇮 Finland 핀란드
69

🇬🇧 England 영국
75

루이스 림프 Ruis Limppu
하판 림프 Happan Limppu
페루나 림프 Peruna Limppu
하판 레이파 Hapan Leipä

피아덴 링 Fiaden Ring
카르얄란 피라카 Karjalan Piirakka

잉글리시 머핀 English Muffin
영국식 식빵 English Bread
스콘 Scone

Near and Middle East

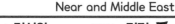

🇷🇺 Russia 러시아
78

🇹🇷 Turkey 터키
80

Near and Middle East 중동
82

피로시키 Pirozhki
검은 빵 Rye Bread

에크멕 Ekmek
피데 Pide
라바시 Lavash

샤미(피타)
Schime(Pita)

North America

🇺🇸 America 미국
83

베이글 Bagel
번 Bun
샌프란시스코 사워 브레드
San Francisco Sour Bread

머핀 Muffin
도넛 Doughnut
시나몬 롤 Cinnamon Roll
화이트 브레드 White Bread

홀 웨트 브레드(통밀빵)
Whole Wheat Bread

South America

Asia

Part 2 만드는 방법과 재료로
알아보는 빵의 모든 것

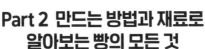

Part 3 빵을 가장 맛있게 즐기는 방법

빵의 깊은 맛을 알면 먹는 즐거움은 배가 된다

전 세계에서 만들어지는 빵의 종류는 5,000에서 6,000종이라고 합니다.
그중 수백 종은 손쉽게 구할 수 있고, 현지에서 배우고 온 파티시에만
해도 셀 수 없을 정도이지요. 요즘은 비교적 빵을 쉽게
접할 수 있는 감사한 환경입니다.

각각의 빵에 얽힌 배경과 맛있게 먹는 비법, 만드는 방법을 비롯해
알면 알수록 흥미로운 빵의 세계를 지금부터 소개합니다.

알면 알수록
빵은 재미있고
신비롭습니다.

빵의 기본은 가루, 빵효모, 물, 소금입니다.
그 배합이나 굽는 방식에 따라 다양한 빵이 탄생하지요.
빵의 단면에는 가루, 물, 유지방 양의 차이 등이
제빵사의 노력과 함께 드러납니다.

마음에 드는 빵을 샀다면 여러 가지 방법으로 즐겨 보세요.
커피와 함께 빵 본연의 맛을 음미해도 좋고, 속을 채워서
샌드위치로 만들거나 빵 속에 스튜를 담아서 먹는 것도 좋겠지요.
아침 점심 저녁, 빵은 식탁을 다채롭게 채워 줍니다.

직접 만들어서 먹는 갓 구운 빵의 맛은 더욱 각별하겠지요.
기본적인 롤빵부터 도전해 보면 어떨까요.
빵을 맛보고, 사고, 만들기 위한 다양한 지식을 담았습니다.
책장을 넘길수록 빵의 매력에 푹 빠지게 될 것입니다.

유럽의 빵 사정
Part 1

빵집의 형태는 나라마다 가지각색이지요.
'빵의 나라'라고도 불리는 빵의 본고장 독일의 빵집 사정을 알아볼까요.

1인당 연간 80kg의 빵을 먹는 독일에는 약 1,500여 종의 빵이 있습니다. 신선한 빵을 좋아해서 아침에 먹을 빵은 당일 갓 구운 빵을 사러 가는 경우가 많다고 해요.

그런 고집은 제빵사에게도 예외가 아닙니다. 손님에게 반드시 갓 구운 빵을 제공하기 때문이지요. 독일 식탁에 빠지지 않는 카이저젬멜Kaisersemmel(34쪽 참조)이나 로젠베켄Rosenwecken(18쪽 참조) 등은 최종 발효를 끝낸 냉동 생지가 준비되면 하루 종일 구워집니다. 소형 빵은 구운 후 2시간 이내에 먹는 것이 가장 맛있기 때문에 항상 금방 구운 빵을 파는 것입니다.

빵의 종류가 풍성하고 맛있는 빵을 먹을 수 있는 환경이다 보니 빵을 좋아하는 사람이 자연히 늘어서 수요도 안정적입니다. 그런 선순환은 독일 빵집 주인을 끊임없이 연구하게 만드는 원동력입니다.

이 가게는 진열된 빵 중에서 원하는 빵을 말하면 점원이 꺼내 주는 시스템이다. 독일에서는 잡곡으로 만든 빵이나 오가닉 빵Bio이 인기가 많고, 빵을 굽는 장소가 손님에게 보이는 프런트 베이킹Front Baking이 트렌드 중 하나이다.

Part1 의 data 해석 방법

- 16쪽부터 시작하는 빵 설명 **data**의 '타입'에서는 기본적으로 가루, 빵효모, 소금, 물 위주에 버터나 달걀 등의 부재료가 소량 들어간 것을 '린 타입Lean Type', 부재료를 많이 포함한 것을 '리치 타입Rich Type'으로 분류합니다.
- '사이즈'는 협력 가게의 상품을 편집부에서 계측한 것으로, 가게에 따라 조금씩 다릅니다.
- '배합 예시'는 감수자의 협력 하에 편집부에서 독자적으로 조사한 일반적으로 쓰이는 예시로, 협력 가게의 상품은 아닙니다. 또한 배합 예시 중의 '빵효

모'는 생 이스트를 사용한 예시입니다. 바꾸고 싶은 경우, 드라이이스트는 1/2, 인스턴트 드라이이스트는 1/3이 기준이 됩니다. 단, 드라이이스트, 인스턴트 드라이이스트는 설탕이 많은 생지의 발효를 더디게 하기 때문에 주의해야 합니다.
- 가게에 따라서 빵 명칭이나 형태 등은 이 책에 기재한 것과 다를 수 있습니다.
- 말풍선 설명 끝의 알파벳은 174~175쪽의 빵 협력 가게 정보를 표시한 것입니다. 알파벳이 없는 것은 참고 상품입니다.

Part 1
세상에서
만나는 맛있는
빵 113종

오늘날 만날 수 있는 세계의 빵

핀란드

영국

독일

러시아

덴마크

스위스

프랑스

중국

오스트리아

이탈리아

터키

일본

중동

인도

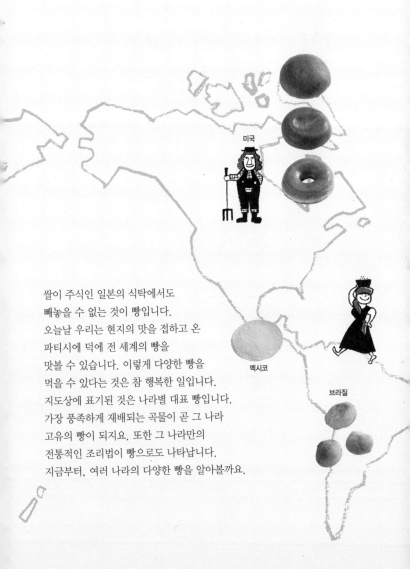

쌀이 주식인 일본의 식탁에서도
빼놓을 수 없는 것이 빵입니다.
오늘날 우리는 현지의 맛을 접하고 온
파티시에 덕에 전 세계의 빵을
맛볼 수 있습니다. 이렇게 다양한 빵을
먹을 수 있다는 것은 참 행복한 일입니다.
지도상에 표기된 것은 나라별 대표 빵입니다.
가장 풍족하게 재배되는 곡물이 곧 그 나라
고유의 빵이 되지요. 또한 그 나라만의
전통적인 조리법이 빵으로도 나타납니다.
지금부터, 여러 나라의 다양한 빵을 알아볼까요.

미국

멕시코

브라질

Europe

German Bread

독일의 빵

"분류별로 다른 산미와
식감을 즐기다"

독일은 세계에서도 특히 빵의 종류가 많은 나라로, 그 수는 대형 빵이 300종 이상, 소형 빵이나 과자류는 1,200종 이상입니다. 독일의 빵은 까맣고 묵직한 호밀빵이 대표적입니다. 특히 북부 지역에서는 추위에 강한 호밀의 재배가 활발하기 때문에 호밀빵이 주를 이룹니다. 한편 남부에서는 북부와 비교하면 밀 재배량이 많아서 밀가루를 사용한 빵 위주로 만들어집니다. 호밀빵의 특징이라면 산酸에 의한 향과 풍미이겠지요. 이는 호밀가루를 사용한 빵이 조금이라도 더 잘 부풀도록 사워종(169쪽 참조)을 첨가해 발효시키기 때문입니다. 이 사워종이 산미의 근원이며, 호밀의 배합이 커질수록 사워종 배합도 커지므로 산미가 강해집니다.

독일의 빵은 생지로 사용하는 가루의 배합률이나 종류에 따라 몇 가지로 크게 구분합니다. 밀가루를 90~100% 배합한 것은 바이첸브로트Weizenbrot, 밀가루와 호밀가루를 같은 양으로 사용하면 미슈브로트Mischbrot, 호밀가루 위주로 밀가루를 배합한 빵은 로겐미슈브로트Roggenmischbrot, 호밀가루 90~100%는 로겐브로트Roggenbrot라고 불립니다. 또한 굵은 가루를 사용하면 슈로트브로트Schrotbrot, 전립분을 사용하면 폴콘브로트Vollkornbrot라고 부르고, 그 외의 빵은 브뢰첸Brötchen이라고 합니다.

묵직한 타입의 빵은 오래 보존할 수 있고, 얇게 슬라이스하면 다양한 요리에 쓸 수 있습니다. 반면 소형 빵의 경우, 독일의 빵집에서는 항상 금방 구운 빵을 진열하기 때문에 사자마자 그 식감을 즐기는 것이 현지의 방식입니다.

독일인이 즐겨 먹는 흰 빵

Weissbrot
바이스브로트

속까지 노릇노릇
굽는 것이 맛의 포인트로
색이 짙을수록 맛이
좋다. f

배합 예시

프랑스빵 전용 가루 : 100%
빵효모 : 3%
설탕 : 1%
식염 : 2%
마가린 : 1%
몰트 시럽 : 0.3%
비타민C : 20ppm
물 : 57%

data

카테고리	바이첸브로트
타입	린 타입, 직접 굽기, 식사 빵
주요 곡물	밀가루
사진의 빵 사이즈	길이 38cm×폭 14cm×높이 7.5cm 무게 496g
발효법 등	빵효모에 의한 발효.

밀가루 100%로 만드는 흰 빵으로, 바이스 Weiss는 '희다'는 의미이다. 호밀가루가 몇 % 들어간 것도 있다. 원래는 밀 재배가 활발한 독일 남부에서 주로 먹었지만 최근에는 독일 전역에서 즐겨 먹는다.

겉은 바삭하고 고소하며 속은 부드러운 식감으로, 그 가벼움이 맛의 포인트이다. 식사에 곁들이거나 토스트로 버터, 잼, 치즈를 바르기도 하고 샌드위치용으로도 쓴다. 폭신한 느낌 때문에 씹는 맛이 있는 햄보다는 부드러운 식감의 재료와 잘 어울린다.

위에 포피 시드Poppy Seed(양귀비 씨앗)나 깨를 토핑하는 경우도 많고, 형태는 둥근형, 반달형, 원로프One Loaf 형태에 땋은 모양을 얹는 등 각양각색이다. 색이 짙은 밀가루를 사용한 할바이스브로트Halbweissbrot라는 빵도 있다.

깔끔한 맛과 토핑이 돋보이는
Seelen
세이렌

data

카테고리	바이첸브로트
타입	린 타입, 팬에 굽기, 식사 빵
주요 곡물	밀가루
사진의 빵 사이즈	길이 26㎝×폭 6㎝×높이 5㎝ 무게 91g
발효법 등	빵효모에 의한 장시간 발효(4시간 이상).

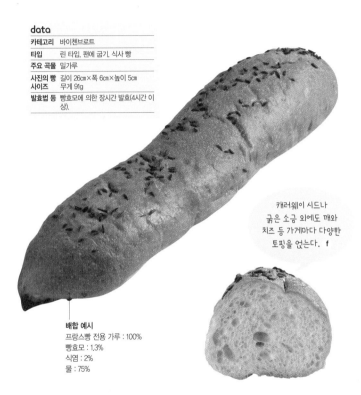

캐러웨이 시드나 굵은 소금 외에도 깨와 치즈 등 가게마다 다양한 토핑을 얹는다. f

배합 예시
프랑스빵 전용 가루 : 100%
빵효모 : 1.3%
식염 : 2%
물 : 75%

물을 충분히 사용한 소형 밀빵으로, 최근 독일에서 인기가 높다. 독일 남서부의 슈바벤 Schwaben 지방에서 위령의 날을 맞이하기 위해 처음 만들어졌다. 물의 양을 늘리고 밀가루를 최소한으로 사용하려고 했던 선인의 지혜가 돋보인다.

수분이 많아서 반죽은 부드럽고 묽기 때문에 손에 물을 묻혀서 성형을 한다. 길쭉하고 살짝 뒤틀린 형태로, 표면에 캐러웨이 시드Caraway Seed(독일식 양배추 절임인 사우어크라우트Sauerkraut를 만들 때 쓰이는 향신료)나 굵은 소금을 뿌리는 것이 기본이다. 겉은 두껍고 바삭하며, 속은 쫄깃하고 쫀득하다. 물을 많이 첨가할수록 전분이 풀처럼 되어 쫀득한 식감을 만든다.

식사에 곁들여도 좋고 와인이나 맥주 안주로도 제격이다. 반으로 갈라서 오픈 샌드위치를 만드는 것도 추천한다.

한입 크기의 장미꽃 한 송이

Rosenwecken

로젠베켄

맛있게 구워지면
윤이 나고 갈색빛이 도는
황금색이다. 표면에 치즈
같은 토핑을 얹기도 한다.

배합 예시
프랑스빵 전용 가루 : 100%
빵효모 : 3%
식염 : 2%
마가린 : 1%
몰트 시럽 : 0.5%
비타민C : 30ppm
물 : 약 60%

data

카테고리	바이첸브로트
타입	린 타입, 직접 굽기, 식사 빵
주요 곡물	밀가루
발효법 등	빵효모에 의한 발효.

독일이나 오스트리아에서는 주원료를 밀가
루로 사용한 동일한 반죽으로도 다양한 종류
의 소형 빵을 만든다. 대표적인 빵이 카이저
젬멜(34쪽 참조)과 로젠베켄Rosenwecken이다.
독일 남부에서는 소형 빵을 '젬멜Semmel'
또는 '베켄Wecken'이라고 부른다. 로젠베
켄은 장미꽃 모양이 특징으로, 로젠브뢰첸
Rosenbrötchen이라고 불리기도 한다.

갓 구운 빵은 겉이 바삭바삭하고 가벼운 식
감이다. 시간이 지나면 빵 속 수분이 겉으로
이동해서 고무처럼 딱딱해지기 때문에 현지
빵집에서는 구운 지 2~3시간 이내의 빵만
진열한다. 금방 구운 빵이 가장 맛있다.
반으로 갈라서 버터와 잼을 바르거나 샌드
위치로 만들어 먹는 것을 추천한다.

짭조름한 고소함이 맥주에 딱

Laugenbrezel
라우겐브레첼

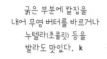

굵은 부분에 칼집을
내어 무염 버터를 바르거나
누텔라(초콜릿) 등을
발라도 맛있다. **k**

배합 예시

프랑스빵 전용 가루 : 100%
빵효모 : 4%
식염 : 2%
탈지분유 : 5%
마가린 : 10%
몰트 시럽 : 0.5%
비타민C : 30ppm
물 : 55%

data

카테고리	바이첸브로트
타입	린 타입, 팬에 굽기, 식사 빵
주요 곡물	밀가루
사진의 빵 사이즈	길이 13cm×폭 11.5cm×높이 3.5cm 무게 42g
발효법 등	빵효모가 많으면 식감이 바삭해지기 때문에 발효를 적게 한다.

브레첼Brezel은 라틴어로 '작은 팔'이라는 말에서 유래되었다. 모양이 '사랑'을 의미한다는 설도 있다. 팔짱을 낀 듯한 독특한 형태로, 오늘날 독일에서는 빵집의 상징처럼 여겨진다.

최종 발효 후에 반죽을 라우겐 용액(3~4%의 가성 소다를 첨가한 알칼리성 액체)에 담가 두면 광택이 나는 적갈색으로 구워진다. 이 코팅은 빵이 마르지 않도록 막아 주는 역할을 한다.

보통 브레첼은 딱딱한 식감으로 알려져 있지만 현지에서는 말랑말랑하고 쫀득한 식감이 일반적이다. 이 밖에 달콤한 타입이나 둥그런 형태 등 종류와 형태, 크기는 지역과 가게에 따라 천차만별이다. 샌드위치로 만들 때는 수평으로 자르면 된다.

가벼운 산미의 순한 맛

Weizenmischbrot
바이첸미슈브로트

data

카테고리	바이첸미슈브로트
타입	린 타입, 팬에 굽기, 식사 빵
주요 곡물	밀가루
사진의 빵 사이즈	길이 30cm×폭 12cm×높이 8.5cm 무게 509g
발효법 등	빵효모와 호밀 사워종으로 발효.

오래 보존할 수 있어서 4~5일 동안 맛있게 먹을 수 있다. f

배합 예시
호밀 사워종 : 27%
(호밀가루 : 15%)
프랑스빵 전용 가루 : 70%
호밀가루 : 15%
빵효모 : 1.9%
식염 : 1.9%
몰트 시럽 : 0.3%
물 : 약 65%
(호밀 사워종에서 12%)

주재료인 밀가루에 호밀가루를 혼합하여 만든다. 미슈Misch는 '섞다'라는 의미이다. 밀가루 60~80%, 호밀가루 40~20%의 배합률로, 독일에서도 가장 소비량이 많은 빵 중의 하나이다.

밀가루가 많이 들어갈수록 색이 하얗고 거칠어진다. 형태는 보통 반달 모양이고 표면에 칼집을 듬성듬성 내거나 생지에 캐러웨이 시드를 넣어 반죽한 경우도 많다. 촉촉한 식감과 무난한 산미로 부담 없이 먹을 수 있다. 식사에 곁들여서 그대로 먹는 것이 가장 일반적이지만 페이스트, 또는 리예트Rillettes(돼지나 거위 고기에 열을 가해 만든 스프레드)를 바르거나 버터와 치즈, 채소, 안초비 등을 얹어서 오픈 샌드위치로 만들어 먹어도 맛이 좋다. 따뜻하게 데우면 향이 짙어지므로 얇게 슬라이스해서 구운 다음, 버터나 잼을 바르는 것을 추천한다.

'검은 숲'을 의미하는

Schwarzwälderbrot
슈바르츠발트브로트

'슈바르츠밸더란드브로트'
라고도 한다. 호밀가루의
배합을 높여서 로겐미슈브로트로
분류하기도 한다. c

배합 예시
호밀 사워종 : 2.5%
프랑스빵 전용 가루 : 80%
호밀가루 : 20%
빵효모 : 2%
식염 : 2%
몰트 시럽 : 0.3%
물 : 약 68%
※건포도 등의 과일을
배합하기도 한다.

data

카테고리	바이첸미슈브로트
타입	린 타입, 직접 굽기, 식사 빵
주요 곡물	밀가루
사진의 빵 사이즈	길이 19.5cm×폭 7.5cm×높이 4.5cm 무게 450g
발효법 등	빵효모와 밀가루 사워종으로 발효.

독일 남부의 국경, 슈바르츠발트Schwarzwald 지방의 전통 빵이다. 밀가루가 중심이기 때문에 바이첸미슈브로트Weizenmischbrot로 분류된다. 둥근형이나 반달형이 일반적이다. 슈바르츠발트에는 '검은 숲'이라는 의미가 있으며, 개중에는 사진처럼 검은 숲을 형상화한 빵도 있다. 사진의 빵은 럼주에 절인 건포도와 무화과를 넣고 반죽한 다음, 표면에 당밀을 발라서 검은색으로 굽는다. 이러한 빵은 묵직함과 씹는 맛이 있어, 건포도와 무화과 맛과 더불어 호밀빵 특유의 깊은 풍미를 느낄 수 있다.

안에 아무것도 넣지 않은 타입은 두툼하게 슬라이스해서 아침 대용으로, 또는 얇게 슬라이스하여 짭조름한 치즈나 크림치즈를 발라 먹으면 맛있다. 건포도와 석류가 들어간 것은 레드 와인이나 산미가 적은 커피와 궁합이 좋다.

호밀빵 초심자에게 추천

Mischbrot
미슈브로트

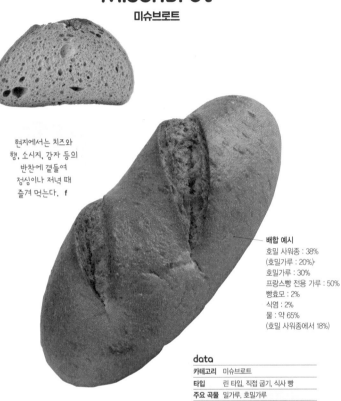

현지에서는 치즈와
햄, 소시지, 감자 등의
반찬에 곁들여
점심이나 저녁 때
즐겨 먹는다. f

배합 예시
호밀 사워종 : 38%
(호밀가루 : 20%)
호밀가루 : 30%
프랑스빵 전용 가루 : 50%
빵효모 : 2%
식염 : 2%
물 : 약 65%
(호밀 사워종에서 18%)

data

카테고리	미슈브로트
타입	린 타입, 직접 굽기, 식사 빵
주요 곡물	밀가루, 호밀가루
사진의 빵 사이즈	길이 23.5cm×폭 11cm×높이 7cm 무게 503g
발효법 등	빵효모와 호밀 사워종으로 발효.

미슈브로트Mischbrot는 밀가루와 호밀가루를 같은 양으로 넣어 만든 빵 전체를 가리킨다. 호밀빵 특유의 산미도 있지만 밀가루가 절반 들어간 만큼 독특한 풍미를 완화시키기 때문에 비교적 먹기 수월하다.

속이 꽉 찬 묵직함과 쫄깃쫄깃한 식감이 특징이다. 형태는 반달형 외에 원형도 있다. 겉에 칼집을 내는 방법도 여러 가지가 있는데,

사진처럼 보통 사선으로 칼집을 내지만 가로로 내기도 한다. 또한 칼집 대신 막대기나 파이 롤러로 구멍을 뚫기도 한다.

얇게 슬라이스해서 버터를 바르고 음식과 함께 먹는다. 치즈와 햄, 소시지, 채소 등 다양한 재료를 얹어서 오픈 샌드위치로 만드는 것도 추천한다. 특유의 신맛이 와인이나 맥주 같은 술과도 잘 어울린다.

나뭇결 같은 갈라짐이 특징인

Berliner Landbrot
베를리너 란드브로트

구운 지 7~8시간 뒤에
먹는 것이 좋으며,
완전히 식히고 나서
잘라야 한다.

data

카테고리	로겐미슈브로트
타입	린 타입, 직접 굽기, 식사 빵
주요 곡물	호밀가루, 밀가루
발효법 등	빵효모와 호밀 사워종으로 발효.

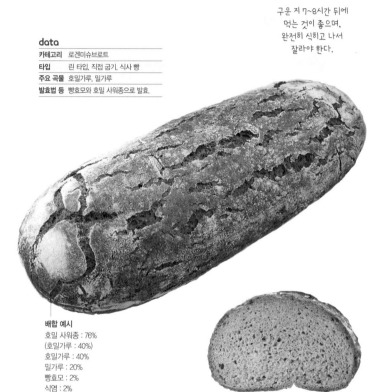

배합 예시
호밀 사워종 : 76%
(호밀가루 : 40%)
호밀가루 : 40%
밀가루 : 20%
빵효모 : 2%
식염 : 2%
물 : 약 70%
(호밀 사워종에서 36%)

독일 북동부의 베를린 근교에서 만들어진 데서 유래한 이름이다. 란드브로트Landbrot는 '시골 빵'이라는 의미이다. 촘촘한 입자와 색깔은 그야말로 독일 빵답다.

표면의 갈라짐과 반달형이 특징이다. 갈라진 모양은 성형을 하고 나서 호밀가루를 뿌리고 최종 발효 단계가 되면 살짝 건조시킨 표면이 갈라지면서 형성된다. 금이 심하게 갈수록 맛이 좋다고 여긴다.

속은 촘촘하고 식감은 촉촉하다. 얇게 슬라이스하여 맛이 짙은 파테Pâté(고기나 생선을 곱게 다지고 양념해 식혀 먹는 음식)나 햄, 치즈와 함께 먹기도 하지만 찜 요리에 곁들여서 먹는 방법이 일반적이다. 진한 맛의 요리와 함께 먹으면 빵의 산미가 입안을 개운하게 한다. 미리 잘라 놓고 파는 경우도 많다.

호밀가루로 만든 작은 빵

Roggenbrötchen

로겐브뢰첸

얇게 잘라서 버터나
잼을 바르거나 짭조름한
생 햄과 채소를 넣고
샌드위치를 만들어도
맛있다. k

data

카테고리	로겐미슈브로트
타입	린 타입, 직접 굽기, 식사 빵
주요 곡물	호밀가루, 밀가루
사진의 빵 사이즈	길이 10cm×폭 9cm×높이 4.5cm 무게 78g
발효법 등	빵효모와 호밀 사워종으로 발효.

독일의 소형 빵은 모두 '브뢰첸 Brötchen'이라고 부른다. 이름에 '로겐Roggen'이 붙으면 보통 호밀가루가 중심인 빵을 가리키지만, 소형 빵으로 호밀가루를 많이 배합하면 잘 부풀지 않기 때문에 호밀가루와 밀가루를 각각 50%씩 배합하는 것이 일반적이다. 가로로 얇게 슬라이스하면 쫄깃한 식감을 즐길 수 있다.

한입 베어 무는 순간 산뜻한 향이 물씬

Vinschgauer

빈슈가우어

클로버를 구할 수
없을 때는 다른
향신료를 첨가하여
만들기도 한다.

배합 예시
호밀 사워종 : 22%
(호밀가루 : 12%)
호밀가루 : 58%
밀가루 : 30%
빵효모 : 2%
식염 : 2.5%
빵용 클로버 : 0.3%
이탈리아 남부 티롤산
제빵용 향신료 : 1.5%
물 : 83%
(호밀 사워종에서 10%)

이 작은 빵의 이름은 이탈리아와 오스트리아 사이에 위치한 티롤 지방의 도시 이름이다. 독일의 지배가 오스트리아까지 영향을 미쳤던 시대에 만들어졌다. 호밀가루가 주재료이며 생지에 클로버(티롤 지방에서 채취할 수 있는 허브)나 캐러웨이 시드 등이 들어가기 때문에 향이 강한 점이 특징이다. 빵 속의 식감은 물이 충분히 들어가서 촉촉하다.

data

카테고리	로겐미슈브로트
타입	린 타입, 직접 굽기, 식사 빵
주요 곡물	호밀가루, 밀가루
발효법 등	빵효모와 호밀 사워종으로 발효.

있는 그대로의 산미

Roggensaftbrot
로겐자프트브로트

호밀 전립분이
포함되어 있어 섬유질이
풍부하고 소화가 잘 된다.
취향대로 구워 먹어도
맛있다. k

data

카테고리	로겐브로트
타입	린 타입, 틀에 굽기, 식사 빵
주요 곡물	호밀가루
사진의 빵 사이즈	길이 8cm×폭 8cm×높이 8.5cm 무게 409g
발효법 등	빵효모와 호밀 사워종으로 발효.

자프트Saft는 '주스'라는 의미로 반죽에 수분을 많이 배합하는 것이 특징이다. 호밀가루를 100% 사용하고 산미가 강하며 입자가 빽빽하다. 또한 여러 개의 반죽을 하나로 연결해서 굽기 때문에 측면에 크러스트Crust(빵의 바깥 껍질 부분·170쪽 참조)가 만들어지지 않고 부드러운 식감으로 완성된다. 반죽을 연결해서 구운 빵은 수분이 많이 남아 촉촉한 식감을 오래 즐길 수 있다.

호밀가루의 비율이 높은 만큼 사워종의 양도 많아지기 때문에 시큼한 산미가 강하게 느껴지고, 와인 같은 술과 제법 어울린다. 얇게 슬라이스하여 굽지 않은 채로 잼을 바르거나 진한 치즈와 이탈리아식 소시지인 살라미Salami를 올려 먹으면 맛있다. 또한 소화가 잘 되기 때문에 가볍게 샌드위치로 먹는 것도 추천한다. 산미가 부담스러울 때는 달콤한 생크림이나 꿀을 바르면 한결 먹기 좋다.

오독오독 씹는 맛이 살아 있는 곡물의 구수함

Roggenvollkornbrot
로겐폴콘브로트

data

카테고리	로겐브로트
타입	린 타입, 틀에 굽기, 식사 빵
주요 곡물	호밀가루
사진의 빵 사이즈	길이 9cm×폭 8.5cm×높이 7.5cm 무게 388g
발효법 등	호밀 사워종에 의한 발효. 빵효모도 들어가기 때문에 살짝 부푼다.

배합 예시
굵은 호밀 사워종 : 45%
(굵은 호밀가루 : 25%)
열탕 처리한 굵은 호밀가루 생지 : 81%
(굵은 호밀가루 : 45%)
고운 호밀가루 : 20%
레스트브로트(빵가루) : 10%
빵효모 : 3%
당밀 : 1%
식염 : 1.7%
물 : 약 70%
(사워종과 열탕 처리 반죽에서 66%)

토스트를 하면 곡물 알갱이의 구수한 맛을 즐길 수 있다. 구운 다음 날 먹으면 더 맛있다. k

폴Voll은 '전체', 콘Korn은 '곡물'이라는 의미로, 호밀 전립분을 사용한 빵을 로겐폴콘브로트Roggenvollkornbrot라고 부른다. 호밀 전립분 100%로 만든 빵이나 밀가루와 통보리, 보리, 조, 피, 대두 등 다양한 곡물을 넣는다. '로겐슈로트브로트Roggenschrotbrot(굵은 가루를 사용한 빵)'의 하나로, 식이 섬유가 풍부하고 건강식을 지향하는 사람에게 인기가 높다.

전립분의 알갱이가 입에 남기 때문에 카페라테처럼 부드러운 음료와 잘 어울린다. 또한 강한 산미 덕에 와인과 궁합이 좋다. 얇게 슬라이스하여 훈제 연어나 치즈, 리버 페이스트Liver Paste(소나 돼지의 간을 졸여 만든 식품) 등 맛이 진한 것을 발라 먹으면 맛있다. 간식으로 크림치즈와 꿀을 발라 먹는 것도 추천한다.

째서 만드는 검은색 전통 빵

Pumpernickel

펌퍼니켈

구운 다음 날 먹으면
좋고, 일주일 동안 보존이
가능하다. 냉동 보관을
하는 것이 좋다. c

배합 예시
굵은 호밀 사워종 : 45%
(굵은 호밀가루 : 33%)
열탕 처리한 굵은 호밀가루 생지 : 66%
(굵은 호밀가루 : 33%)
굵은 호밀가루 34%
빵효모 : 1.5%
식염 : 1.5%
캐러멜 : 0.8%
물 : 66%
(사워종과 열탕 처리 반죽에서 45%)

data

카테고리	로겐브로트
타입	린 타입, 틀에 굽기, 식사 빵
주요 곡물	호밀가루
사진의 빵 사이즈	길이 10.5cm×폭 6.5cm×높이 5.5cm 무게 400g
발효법 등	빵효모에 의한 발효.

호밀 전립분으로 만드는 로겐슈로트브로트의 하나로, 밀가루 알갱이가 들어가기도 한다. 원래는 독일 북부의 베스트팔렌Westfalen 지방에서 만들어진 전통 빵이지만 현재는 독일 전역에서 즐겨먹는다.

뜨거운 물을 부은 오븐에서 보통 4시간, 길게는 20시간 동안 굽는 것이 특징이다. 쌀밥처럼 촉촉한 수분감을 느낄 수 있다. 쫀득쫀

득한 빵 속은 호밀과 캐러멜의 달콤함이 물씬 느껴진다. 호밀가루를 100% 사용하지만 산미가 강하지 않기 때문에 심플하게 버터만 발라 먹기 좋다. 얇게 슬라이스하여 햄 또는 연어, 사워크림, 크림치즈 등을 얹거나 감칠맛이 나는 페이스트를 발라도 잘 어울린다. 크림 스튜 등의 찜 요리에 곁들이는 것도 추천한다.

잘 알려진 크리스마스 대표 과자

Stollen

슈톨렌

겉에 바른 버터와
설탕 코팅으로,
상온에서 2~3주간
보존할 수 있다. k

배합 예시

프랑스빵 전용 가루 : 100%
빵효모 : 7.5%
설탕 : 12%
식염 : 1.25%
무염 버터 : 31%
우유 : 32%
마지팬 : 9%
레몬 껍질 : 0.5%
스파이스 : 0.3%
살타나 건포도 : 62%
오렌지 필 : 2.5%
레몬 필 : 10%
아몬드(슬라이스) : 14%
럼주 : 1.75%

data

타입	리치 타입, 팬에 굽기, 발효 과자
주요 곡물	밀가루
사진의 빵 사이즈	길이 13cm×폭 6.5cm×높이 4.5cm 무게 260g
발효법 등	빵효모로 중종을 만든다.

크리스마스 과자로 잘 알려진 슈톨렌Stollen
의 어원은 '예수의 요람 모양', 혹은 '예수를
감싼 모포의 모양'에서 비롯됐다고 한다. 럼
주와 벌꿀에 절인 건조 과일과 견과류, 살타
나 건포도(씨 없는 건포도)가 듬뿍 들어가서 달
콤하고 고급스러운 맛이다.

드레스덴에서 처음 만들어진 슈톨렌은 '드레
스덴너 슈톨렌Dresdener Stollen'이라고 불리

며, 12월에는 거대한 슈톨렌을 실은 마차의
거리 행진이 있을 정도로 드레스덴 사람들
에게는 매우 익숙하고 친근한 빵이다. 독일
에서는 11월 말부터 슈톨렌을 만드는데, 독일
사람들은 대림절Advent이라 부르는 크리스
마스 직전 4주 동안 매주 일요일에 슈톨렌을
먹으며 크리스마스를 준비하곤 한다.

남녀노소에게 인기 만점, 새콤달콤한 건포도 빵

Rosinenbrötchen

로지넨브뢰첸

배합 예시

밀가루 : 100%
빵효모 : 5%
설탕 : 10%
식염 : 2%
전지분유 : 6%
버터 : 10%
달걀 : 5%
바닐라 아로마 : 적당량
레몬 아로마 : 적당량
물 : 약 55%

빵 속의 입자는
거칠지만 부드럽고
촉촉해서 먹기 좋다.

밀가루에 달걀이나 버터를 넣은 과자 반죽에 건포도를 섞은 소형 빵으로 쉽게 말해 '건포도 빵'이다. '로지넨브로트Rosinenbrot'는 대형 빵(250g)을 말하며, 호밀가루를 사용하는 경우가 많다. 새콤달콤한 건포도 맛이 남녀노소 모두의 입맛을 사로잡는다.

data

타입	리치 타입, 팬에 굽기, 과자 빵
주요 곡물	밀가루
발효법 등	빵효모에 의한 발효.

바삭바삭한 소보로가 핵심

Streuselkuchen

슈트로이젤쿠헨

부슬부슬한
소보로의 식감이
매력적이다.

배합 예시
로지넨브뢰첸과
같다.

커스터드 크림과 버터, 밀가루, 설탕으로 만든 소보로를 빵 위에 뿌린 달콤한 빵이다. 슈트로이젤Streusel은 '소보로', 쿠헨Kuchen은 '과자', '케이크'를 의미한다.
제과용 밀가루 반죽을 팬에 크게 구워서 먹기 쉬운 크기로 자른다. 팬에 굽는 형태의 과자는 독일 북부에서 발달했다.

data

타입	리치 타입, 팬에 굽기, 과자 빵
주요 곡물	밀가루
발효법 등	빵효모에 의한 발효.

잼이 들어간 독일의 튀김 과자

Berliner Pfannkuchen

베를리너 판쿠헨

안에 들어가는
잼은 라즈베리나
크랜베리, 살구 잼
등이다.

배합 예시
밀가루 : 100%
빵효모 : 5%
설탕 : 10%
식염 : 2%
탈지분유 : 5%
버터 또는 마가린 : 10%
전란 : 15%
달걀노른자 : 15%
물 : 15%

data

타입	리치 타입, 도넛 과자
주요 곡물	밀가루
발효법 등	빵효모에 의한 발효.

도넛의 원형으로도 불리는 독일의 튀김 과자 판쿠헨Pfannkuchen은 건포도가 들어간 반죽을 기름에 튀겨서 안에 잼을 넣는 것이 대표적인데 지방에 따라 종류는 다양하다.

베를리너 판쿠헨Berliner Pfannkuchen은 베를린 지방에서 만들어진 튀김 과자로, 1756년에 베를린의 제빵사에 의해 만들어졌다고 한다. 전쟁이 한창일 때 신체적인 이유로 군인으로서 나라에 공헌할 수 없던 제빵사는 군인들을 위해 오븐이 없는 환경에서도 냄비만 있으면 만들 수 있는 빵을 개발했다. 그때 큰 냄비(팬)로 튀겼다고 하여 '판쿠헨Pfannkuchen'으로 불리게 되었다고 한다.

밀가루 반죽을 기름에 튀긴 다음, 빵 안에 잼을 주입하고 슈거 파우더를 듬뿍 뿌리면 완성이다.

우리에게 단팥빵이 있다면 독일에는 이 빵이지!

Mohnschnecken

몬슈네켄

배합 예시
프랑스빵 전용 가루 : 100%
빵효모 : 9%
설탕 : 11%
식염 : 1.5%
버터 또는 마가린 : 12.5%
물 : 52%
페이스트리용 유지류
(버터 또는 마가린) :
50~100%(반죽 대비)

빵을 구운 직후
바삭바삭할 때 먹어야
맛이 좋다. k

포피 시드와 우유를 달짝지근하
게 조려서 만든 몬 페이스트Mohn Paste를
반죽 속에 넣고 돌돌 말아서 구운 과자 빵이다. 슈
네켄Schnecken은 '달팽이'를 의미한다. 보통 아이싱
Icing으로 표면을 코팅하며, 우리나라의 단팥처럼 몬
페이스트에 호두가 들어가기도 한다. 바삭바삭한 식
감과 포피 시드의 풍미가 고소하다.

data

타입	리치 타입, 팬에 굽기, 과자 빵
주요 곡물	밀가루
사진의 빵 사이즈	길이 11cm×폭 10cm×높이 2.5cm 무게 52g
발효법 등	빵효모에 의한 발효.

견과류의 고소함이 커피에 딱

Nussschnecken

누스슈네켄

쓸쓰레한 견과류와
달콤한 빵의 조화는
블랙커피나 우유가 듬뿍
들어간 카페라테와
찰떡궁합이다. k

독일어로 누스Nuss는 '나무 열매'를 의미한
다. 호두나 헤이즐넛 등의 견과류 페이스트를 제
과용 반죽 또는 데니시Danish 반죽에 넣어 소용돌
이 모양으로 성형한다.
바삭바삭 고소한 빵의 식감, 시나몬과 버터 향 속
의 쓸쓰레한 견과류는 제법 어른스러운 맛이다.

data

타입	리치 타입, 팬에 굽기, 과자 빵
주요 곡물	밀가루
사진의 빵 사이즈	길이 12cm×폭 11.5cm×높이 3cm 무게 65g
발효법 등	빵효모에 의한 발효.

Austria

Europe

Austrian Bread

오스트리아의 빵

" 나라의 번영과 함께
　수많은 빵이 탄생했다 "

오스트리아의 수도 빈은 몇 세기에 걸쳐서 유럽의 정치와 경제, 문화의 중심을 이뤘습니다. 13세기 이후 합스부르크Habsburg 가문이 빈을 중심으로 광대한 지역을 강력한 권력으로 통치했기 때문이지요. 그 후로도 합스부르크 가문은 다민족으로 구성된 오스트리아–헝가리라는 광활한 제국을 막강한 지배력으로 통치했습니다.

이 시대에 빈에서는 다양한 식문화가 탄생하고 발전했습니다. 빵과 과자의 제조법 개발에 일등 공신이었다고 해도 과언이 아닙니다. 빵효모의 배양 제조와 제빵용 몰트Malt의 이용, 폴리시법Poolish Method(123쪽 참조),

제빵용 밀가루의 품질 향상 등 그 무렵에 생긴 많은 기술이 현재 빵 제조의 토대가 되었습니다. 또한 프랑스빵을 대표하는 크루아상Croissant이나 브리오슈Brioche, 덴마크에서 유명한 데니시 페이스트리Danish Pastry가 빈에서 처음 만들어졌다는 이야기가 있을 만큼, 덴마크에서 데니시Danish는 '비엔나 브로트Wiener Brot(빈의 빵)'라고 불리기도 합니다.

밀가루의 비중이 높거나 반대로 호밀가루의 비중이 높은 빵도 있고, 린 타입과 리치 타입의 과자와 빵이 모두 사랑받고 있으며 그 종류도 참으로 각양각색입니다. 그중에도 '카이저젬멜'은 요즘 일본에서도 흔히 접할 수 있는 빵이지요. 오스트리아에서는 빵집이 아니더라도 슈퍼처럼 대규모 점포나 체인점에서 싸고 좋은 품질의 빵을 살 수 있으며, 그 비율이 일본 빵 시장의 30% 이상이라고 합니다.

황제의 왕관에서 유래된 대표적인 하드 계열 빵

Kaisersemmel
카이저젬멜

굽고 나서 3~4시간
이내에 먹는 것이 좋다.
오스트리아에서는 청어와
양파 마리네Marine*를 끼운
샌드위치가 인기다.

배합 예시
프랑스빵 전용가루 : 100%
빵효모 : 4%
식염 : 2.2%
탈지분유 : 0.5%
분말 발효종 : 2%
쇼트닝 : 1.5%
몰트 시럽 : 0.5%
비타민C : 30ppm
물 : 약 60%

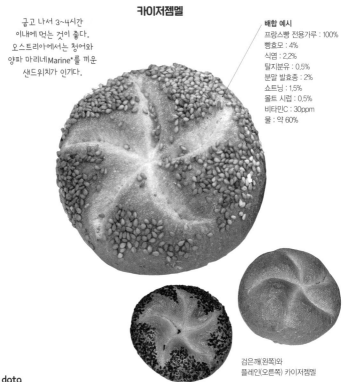

검은깨(왼쪽)와
플레인(오른쪽) 카이저젬멜

data

타입	린 타입, 직접 굽기, 식사 빵
주요 곡물	밀가루
발효법 등	빵효모에 의한 발효.

표면의 모양이 황제가 쓰던 왕관과 닮았다고 하여 카이저Kaiser(황제라는 의미)라는 이름으로 불린다. 오스트리아에서 처음 만들어지고 훗날 독일에서도 즐겨 먹게 되었다.

이전에는 손으로 반죽을 접어서 표면에 모양을 냈지만 최근에는 전용 스탬프로 찍는 경우가 많다.

빵 겉의 바삭바삭한 식감이 특징으로, 빵 속 식감도 가볍고 밀가루의 맛이 퍼지는 심플한 식사 빵이다. 플레인 말고도 참깨나 포피 시드 등 다양한 토핑이 들어가기도 한다. 요리에 곁들이는 것 외에도 반으로 갈라서 햄이나 소시지를 끼운 샌드위치로도 판매하며, 오스트리아와 독일에서 아주 친근한 빵으로 자리매김했다. 금방 구운 빵이 무척 맛있어서 독일에서는 '2시간 빵'이라고 불릴 정도이다. 일본에서는 '카이저 롤Kaiser Rolls'이라는 이름으로도 불린다.

*마리네 : 해산물이나 고기에 식초, 향미료, 기름을 넣고 버무리는 프랑스 요리.

따끈따끈한 빵의 바삭함을 맛보다

Wachauer Laibchen

바하워 라이프쉔

배합 예시
프랑스빵 전용 가루 : 75%
호밀가루 : 25%
식염 : 2.2%
분말 발효종 : 4%
쇼트닝 : 1%
캐러웨이 시드 : 1.5%
몰트 시럽 : 0.5%
비타민C : 30ppm
물 : 70%

버터나 잼을 바르거나
바삭바삭한 식감을
살려서 샌드위치로
만들어도 좋다.

data

타입	린 타입, 직접 굽기, 식사 빵
주요 곡물	밀가루
발효법 등	빵효모에 의한 발효.

바하워Wachauer는 오스트리아 도나우강 연안에 있는 지방의 이름으로, 아름다운 바하우 계곡이 널리 알려진 곳이다. 라이프쉔 Laibchen은 '소형 빵'을 의미한다. 거리의 작은 빵집에서 탄생하여 전국으로 퍼지게 되었다. 밀가루에 호밀가루를 25% 배합하였고, 표면의 장미 모양이 특징이다. 호밀가루를 듬뿍 뿌린 캔버스 위에서 반죽을 굴리다가 반죽 이음매를 바닥에 두고 발효한 다음, 다시 이음매를 위로 두고 구우면 꽃 같은 형태가 된다. 카이저젬멜이나 로젠베켄 같은 하드 계열 소형 빵으로, 금방 구운 것이 아주 맛이 좋아서 바삭바삭한 식감을 즐길 수 있다. 시간이 지나면 딱딱해지기 때문에 현지에서는 구운 지 2~3시간 된 것을 가게에 진열한다. 반을 자를 때는 가로로 커팅하면 쫄깃쫄깃한 식감을 그대로 느낄 수 있다.

해바라기 씨의 재미있는 식감

Sonnenblumen

소넨블루멘

배합 예시
프랑스빵 전용 가루 : 70%
호밀가루 : 30%
오트밀 : 10%
빵효모 : 4%
설탕 : 2%
식염 : 2%
분말 발효종 : 5%
마가린 : 5%
전란 : 6%
몰트 시럽 : 0.5%
비타민C : 30ppm
물 : 64%
캐러멜 : 2%
스파이스 믹스 : 0.8%
해바라기 씨 : 18%
호박씨 : 15%

호밀가루와 해바라기
씨에 식이 섬유가 듬뿍!
버터나 크림치즈와
궁합이 좋다.

해바라기 씨가 들어간 검은
빵으로, 독일에서도 대중적인 빵이다. 반
죽에 넣은 해바라기 씨를 표면에도 토핑한다.
반죽은 주원료인 밀가루에 호밀가루를 배합한 것
이다. 해바라기 씨만 넣기도 하지만 오트밀이나 참
깨 등 다양한 재료를 넣으면 풍미와 식감을 한층
더 즐길 수 있다.

data
타입	린 타입, 직접 굽기, 식사 빵
주요 곡물	밀가루
발효법 등	빵효모에 의한 발효.

짭조름한 맛이 일품

Salzstangen

잘츠슈탕겐

표면의 소금이 맥주와
잘 어울린다. 갓 구운
빵의 바삭한 식감을
맛보시라.

배합 예시
카이저젬멜의 반죽과
기본적으로 동일하다.

오스트리아에서 대중적인 소형 빵으로, 잘츠
Salz는 '소금', 슈탕겐Stangen은 '막대기'를 의
미한다. 반죽을 얇게 늘인 다음 돌돌 말아서
길쭉하게 크루아상 모양으로 만들고, 표면에
는 캐러웨이 시드와 소금을 토핑한다. 식사
용으로 먹는 작은 빵인 테이블 롤Table Roll
로도 즐겨 먹는다.

data
타입	린 타입, 직접 굽기, 식사 빵
주요 곡물	밀가루
발효법 등	빵효모에 의한 발효.

견과류가 입안 가득 퍼지는 황홀한 맛

Nussbeugel
누스보이겔

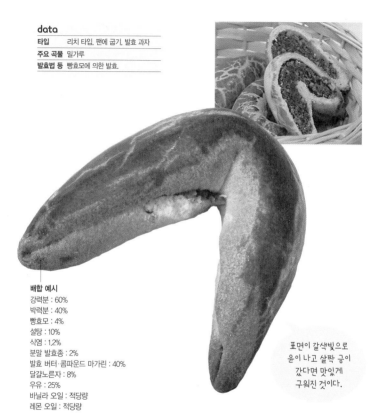

data

타입	리치 타입, 팬에 굽기, 발효 과자
주요 곡물	밀가루
발효법 등	빵효모에 의한 발효.

배합 예시

강력분 : 60%
박력분 : 40%
빵효모 : 4%
설탕 : 10%
식염 : 1.2%
분말 발효종 : 2%
발효 버터·콤파운드 마가린 : 40%
달걀노른자 : 8%
우유 : 25%
바닐라 오일 : 적당량
레몬 오일 : 적당량

표면이 갈색빛으로 윤이 나고 살짝 금이 갔다면 맛있게 구워진 것이다.

직역하면 '구부러져 있는 견과류 과자'라는 의미이다. 누스Nuss는 '견과류', 보이겔 Beugel은 '보겐Bogen(스키에서 양쪽 발을 팔자로 벌리고 활주하는 방법)'을 말한다. 다른 형태도 있지만 사진처럼 V자로 구부러진 모양이 가장 전통적인 형태로, 반질반질하고 갈라진 표면이 특징이다. 스위스의 마이치바이 Meitschibei(41쪽 참조)와 비슷하다. 속에는 헤

이즐넛과 호두 등으로 만든 필링이 꽉 차 있다. 이 빵은 반죽에 우유와 달걀, 버터가 들어간 리치 타입의 발효 과자이다. 가게에 따라 필링이 달라지기도 한다.

빵효모가 들어가지만 빵이라기보다는 쿠키에 가까운 식감이다. 바삭한 과자에서 럼주향이 향긋하게 풍기고, 커피나 홍차와도 잘어울린다. 냉동하면 오래 먹을 수 있다.

축하할 때 선물하는 전통적인 과자
Wiener Gugelhupf
비엔나 구겔호프

배합 예시

● 반죽
빵효모 : 5%
강력분 : 100%
반죽용 유지 : 2%
탈지분유 : 3%
물 : 50%
살타나 건포도 : 69%
럼주 : 6%

● 크리밍 원료
전란 : 20%
달걀노른자 : 10%
설탕 : 13.5%
식염 : 2.5%
발효 버터·콤파운드
마가린 : 50%
바닐라 오일 : 적당량
레몬 오일 : 적당량

구겔호프 틀에 굽는 빵으로, 프랑스에서는 '구겔호프'라고 불린다.

data

타입	리치 타입, 틀에 굽기, 발효 과자
주요 곡물	밀가루
발효법 등	빵효모에 의한 발효.

구겔Gugel은 '작은 동산'이라는 의미이다. 결혼식이나 축제 때 먹는 케이크 중 하나로, 건포도가 들어가서 달콤하고 흥홍한 맛이다. 처음에 크리밍 원료를 섞어 두고, 남은 재료를 더해서 반죽을 만든다.

잼과 필링이 달달함의 극치
Kranzkuchen
크란츠쿠헨

살구 잼을 겉에 발라 주면 반지르한 광택과 살구 향을 입힐 수 있다.

배합 예시

● 반죽
강력분 : 100%
빵효모 : 5%
설탕 : 14%
식염 : 1.8%
분말 발효종 : 2%
버터 : 25%
전란 : 24%
우유 : 37.5%
바닐라 오일 : 적당량
레몬 오일 : 적당량

● 헤이즐넛 필링
헤이즐넛 필링 믹스 가루 : 100%
물 : 25%
럼주 : 3%

달콤한 제과용 반죽에 헤이즐넛 필링을 말아서 굽는 케이크류의 과자 빵이다. 다 구워지면 표면에 살구 잼과 퐁당Fondant이라고 불리는 당액을 담뿍 바른다.

틀에 넣어서 굽고, 사진처럼 길쭉한 직사각형 외에도 작은 틀을 사용하거나 링 모양으로 성형하기도 한다. 크기가 상당히 크므로 잘라서 먹는다.

data

타입	리치 타입, 틀에 굽기, 발효 과자
주요 곡물	밀가루
발효법 등	빵효모에 의한 발효.

크루아상 모양의 브리오슈
Wiener Briochekipfel
비엔나 브리오슈키펠

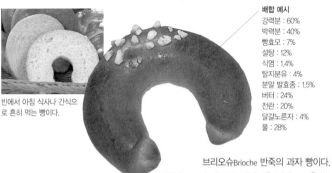

빈에서 아침 식사나 간식으로 흔히 먹는 빵이다.

배합 예시
강력분 : 60%
박력분 : 40%
빵효모 : 7%
설탕 : 12%
식염 : 1.4%
탈지분유 : 4%
분말 발효종 : 1.5%
버터 : 24%
전란 : 20%
달걀노른자 : 4%
물 : 28%

브리오슈Brioche 반죽의 과자 빵이다. 비엔나Wiener는 '오스트리아 빈', 키펠Kipfel은 '크루아상 형태'라는 의미이다. 유지나 설탕, 달걀 등을 충분히 넣어 반죽하기 때문에 리치 타입 빵에 속한다. 땋은 형태의 빵이나 굵은 설탕을 얹은 응용 형태도 있다. 폭신하고 부드러우며 촉촉한 식감이다.

data
타입	리치 타입, 팬에 굽기, 과자 빵
주요 곡물	밀가루
발효법 등	빵효모에 의한 발효.

잼과 필링으로 달콤함이 듬뿍
Topfenbuchtel
탑펜부흐텔

집과 레스토랑, 카페 등 어디에서든 쉽게 접할 수 있는 빵이다.

배합 예시
● 반죽
강력분 : 60% 박력분 : 40%
빵효모 : 7%
설탕 : 12% 식염 : 1.6%
탈지분유 : 4%
분말 파네토네종 : 20%
버터 : 24%
전란 : 20% 달걀노른자 : 4%
물 : 37%

● 필링
크림치즈 : 100%
상백당 : 34%
크림 : 30%
전란 : 12%
분말 커스터드 : 20%
탈지분유 : 2%
식염 : 조금
바닐라 오일 : 적당량
레몬 오일 : 적당량

주원료는 크림치즈이며 빵 속에 필링을 넣은 과자 빵이다. 부흐텔Buchtel은 '책 모양'을 의미한다. 크림빵을 만들 때처럼 탑펜 필링을 반죽 속에 넣고 작은 공처럼 여러 개 성형하여 표면에 마가린을 바른 다음, 팬에 구우면 이런 모양이 된다.

data
타입	리치 타입, 팬에 굽기, 과자 빵
주요 곡물	밀가루
발효법 등	빵효모에 의한 발효.

Switzerland

Europe

Swiss Bread
스위스의 빵

치즈 퐁듀가 유명한 스위스.
치즈와 잘 어울리는
빵이 많습니다.

고대의 풍습이 남은 꽈배기 빵

Zopf
초프

data

타입	리치 타입, 팬에 굽기, 식사 빵
주요 곡물	밀가루
사진의 빵	길이 25㎝×폭 8㎝×높이 7㎝
사이즈	무게 219g
발효법 등	빵효모에 의한 발효.

배합 예시
프랑스빵 전용 가루 : 100%
빵효모 : 5.5%
식염 : 2.2%
분말 사워종 : 3%
무염 버터 : 17%
전란 : 5.5%
우유 : 약 56%
몰트 시럽 : 1%

그대로 간식이나
아침 식사로 먹는다.
금방 구웠을 때가
맛있다. **e**

초프Zopf는 '땋은 머리'를 의미한다. 가톨릭
신자가 많은 스위스에서는 매주 일요일에 교
회에서 미사를 드리고 집에서 가족들과 삼삼
오오 모여 초프를 먹는다. 그래서 토요일 빵
집에는 초프가 잔뜩 진열된다. 현재는 독일,
스위스, 오스트리아 등 유럽에서 널리 먹는
빵이 되었다.
길쭉한 막대 모양으로 늘인 반죽을 세로로

땋아서 성형하는 것이 일반적이고, 형태는
두 갈래로 땋는 방법부터 여섯 갈래로 땋는
방법까지 다양하다. 버터와 달걀, 설탕이 들
어가지만 기본적으로는 달지 않은 빵이다.
달콤한 건포도, 레몬이나 오렌지 껍질을 넣
기도 하고 아몬드 슬라이스를 얹어서 먹기도
한다. 부드럽고 촉촉한 식감과 버터의 풍미
가 입안에 퍼진다.

줄줄이 소시지 모양의 작은 빵
Tessinerbrot
테시너브로트

배합 예시
프랑스빵 전용 가루 : 100%
빵효모 : 4%
식염 : 2%
분말 발효종 : 2.5%
몰트 시럽 : 1%
물 : 약 50%

엷은 갈색으로 노릇
노릇 구운 것이 맛있다.
금방 구운 빵이 먹기에
딱 좋다. **n**

data
타입	린 타입, 직접 굽기, 식사 빵
주요 곡물	밀가루
사진의 빵 사이즈	길이 23cm×폭 17.5cm×높이 6.5cm 무게 446g
발효법 등	빵효모에 의한 발효.

스위스 테신Tessin 주의 대표적인 빵으로, 현재는 스위스 전역에서 맛볼 수 있다. 60~100g의 작은 빵을 연달아 이어 붙여서 굽는 것이 특징이다. 표면에는 가위로 칼집을 낸다.

바삭한 식감은 카이저젬멜(34쪽 참조)과 비슷하다. 유지를 대량 배합한 소프트한 타입도 있다.

처녀의 발에서 비롯된 빵
Meitschibei
마이치바이

윤기가 돌며
갈색빛으로 노릇하게
구운 것이 맛있다. **n**

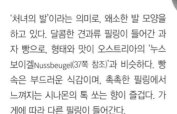

'처녀의 발'이라는 의미로, 왜소한 발 모양을 하고 있다. 달콤한 견과류 필링이 들어간 과자 빵으로, 형태와 맛이 오스트리아의 '누스보이겔Nussbeugel(37쪽 참조)'과 비슷하다. 빵속은 부드러운 식감이며, 촉촉한 필링에서 느껴지는 시나몬의 톡 쏘는 향이 즐겁다. 가게에 따라 다른 필링이 들어간다.

data
타입	리치 타입, 팬에 굽기, 발효 과자
주요 곡물	밀가루
사진의 빵 사이즈	길이 12.5cm×폭 7cm×높이 3cm 무게 51g
발효법 등	빵효모에 의한 발효.

Europe

French Bread

프랑스의빵

"다양한 형태와
풍부한 맛의 빵이 가득하다"

프랑스 가정식에는 항상 빵이 등장합니다. 대부분의 사람은 하루 세 번 빵을 먹는데, 먹다 남은 빵을 다시 구워 먹지 않고 갓 구운 빵을 새로 구입합니다. 그래서 많은 빵집이 아침 식사 시간에 맞춰서 새벽 6시 즈음에 일제히 문을 엽니다.

빵의 종류는 반죽의 배합에 따라 크게 세 가지로 나뉩니다. 첫 번째는 '프랑스빵' 하면 떠오르는 바게트Baguette와 바타르Batard 종류로, 바삭바삭한 식감과 밀가루의 풍미를 즐길 수 있습니다. 밀가루, 빵효모, 물, 소금만을 사용한 단순한 배합의 빵으로, 전통적인 제조법을 지켰다고 하여 '팽 오 트래디셔널Pain au Traditionnel'이라고 표현하기도 합니다. 프랑스의 밀가루는 단백질이 비교적 적은 편이어서 반죽의 탄성이 낮은 바삭한 크러스트와 쫄깃한 크럼Crumb(170쪽 참조)의 식감이 나타납니다. 또한 설탕이나 유지 등의 부재료를 전혀 배합하지 않기 때문에 밀가루와 빵효모에 따른 발효의

향과 풍미를 있는 그대로 맛볼 수 있는 것이 특징입니다. 한 종류의 반죽에서 중량이나 형태가 다른 다양한 종류의 빵이 탄생하고, 각각의 크러스트와 크럼의 비율, 불의 세기가 모두 다르기 때문에 다채로운 맛을 즐길 수 있습니다.

두 번째는 버터를 층층이 넣은 크루아상과 브리오슈 같은 리치 타입의 빵입니다. 이들은 '비에누아즈리Viennoiserie(비엔나 풍 과자)'라고 불리며, 금방 구운 빵에서 풍기는 버터의 풍미는 참을 수 없을 정도이지요. 프랑스의 아침 식탁에는 항상 크루아상과 카페오레가 놓여 있을 것 같지만, 실상은 더 저렴한 바게트를 먹는 검소한 프랑스인이 많다고 합니다.

세 번째는 호밀가루를 섞은 '팽 드 캉파뉴Pain de Campagne'입니다. 시골 빵이라고 불리며, 그 제조법이나 형태는 지방마다 다릅니다. 기본적으로는 천연 발효를 하고, 장시간 발효시키기 때문에 발효에 따른 향, 산미, 그리고 촉촉한 식감이 특징이며 바게트나 크루아상보다 오래 보존할 수 있습니다.

'막대기'를 의미하는 가장 유명한 빵

Baguette
바게트

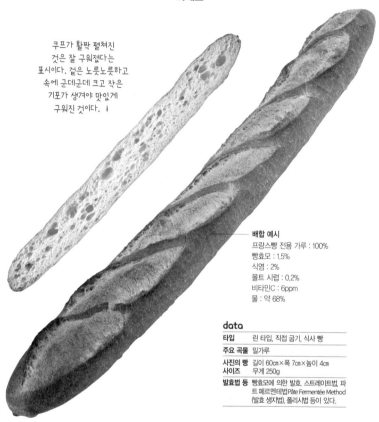

쿠프가 활짝 펼쳐진
것은 잘 구워졌다는
표시이다. 겉은 노릇노릇하고
속에 군데군데 크고 작은
기포가 생겨야 맛있게
구워진 것이다. i

배합 예시
프랑스빵 전용 가루 : 100%
빵효모 : 1.5%
식염 : 2%
몰트 시럽 : 0.2%
비타민C : 6ppm
물 : 약 68%

data

타입	린 타입, 직접 굽기, 식사 빵
주요 곡물	밀가루
사진의 빵 사이즈	길이 60cm×폭 7cm×높이 4cm 무게 250g
발효법 등	빵효모에 의한 발효, 스트레이트법, 파트 페르멘테법 Pâte Fermentée Method (발효 생지법), 폴리시법 등이 있다.

프랑스빵은 밀가루, 빵효모, 물, 소금을 사용해서 만드는 린 타입의 빵이 기본이다. 그래서 재료나 제조법, 또 그 날의 기온이나 습도에 따라서 맛과 구운 정도에 쉽게 차이가 나기 때문에 만드는 이의 능력이 요구된다.

프랑스의 일반 가정에서 가장 흔히 먹는 빵은 바게트이다. 길쭉한 형태로 프랑스어로는 '막대기' 또는 '지팡이'라는 의미이다. 씹는 식감이 좋고 고소한 크러스트를 맛볼 수 있는 바게트는 겉 부분의 바삭함을 즐기고 싶은 사람에게 추천한다. 적당히 짭조름하고 깔끔한 맛 덕에 많은 요리와 잘 어울려서 식탁에서 아주 유용한 존재이다. 오븐에서 막 꺼낸 빵일수록 더 고소하고 바삭바삭하다. 또한 완성한 빵을 잠시 식히면 크러스트의 향과 풍미가 빵 속으로 스며들어 그 풍미와 향을 오롯이 맛볼 수 있다.

세 개의 쿠프가 상징인 두툼한 바게트

Batard
바타르

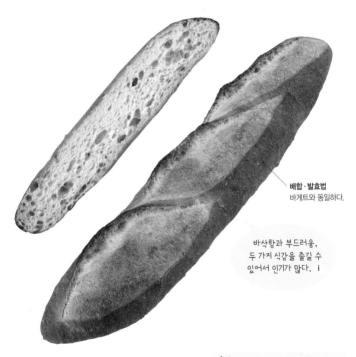

배합·발효법
바게트와 동일하다.

바삭함과 부드러움,
두 가지 식감을 즐길 수
있어서 인기가 많다. **i**

data

사진의 빵	길이 42cm×폭 9cm×높이 6cm
사이즈	무게 262g

일본에서 사랑받는 프랑스빵은 바로 바타르일 것이다. 프랑스어로 '중간'을 의미하며, '바게트'와 '되 리브르Deux Livres(약 850g, 약 55cm의 굵고 긴 막대 모양의 프랑스빵)'의 중간 굵기이다. 굵고 짧은 형태와 세 개의 쿠프 Coupe(170쪽 참조)가 상징이다.

바게트와 완전히 동일한 반죽으로 만들어도 형태에 따라 그 맛에는 큰 차이가 난다. 막대 모양의 프랑스빵은 길고 가늘수록 바삭한 식감을, 동그란 모양일수록 쫄깃한 식감을 즐길 수 있다. 둥그스름한 바타르는 바게트보다 크럼이 많으며, 촉촉하고 부드러운 식감을 맛볼 수 있기 때문에 크럼을 좋아하는 사람에게 추천한다. 두툼하게 썰어서 요리와 함께 먹는다. 잘랐을 때의 단면이 커서 샌드위치로 만드는 것도 추천한다.

바게트보다 통통한 굵기

Parisien
파리지앵

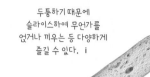

두툼하기 때문에
슬라이스하여 무언가를
얹거나 끼우는 등 다양하게
즐길 수 있다. i

배합·발효법
바게트와 동일하다.

data
사진의 빵	길이 63cm×폭 10cm×높이 7cm
사이즈	무게 488g

본래는 '팽 파리지앵Pain Parisien'이라는 이름의 파리
빵이다. 막대기 모양의 프랑스빵은 두께가 굵은 빵이 많았
지만 지금은 바게트처럼 가느다란 것이 주류가 되었다.
바게트보다 더 크고 통통하며 쿠프는 다섯 개이다. 막대 모
양의 프랑스빵 중에서는 굵은 편이어서 잘랐을 때의 단면
이 큼직하여 샌드위치에 적합하다.

바게트보다 가느다란 굵기

Ficelle
피셀

막대 모양의 프랑스빵
중에서 가장 굵기가 얇다.
바삭한 크러스트를
좋아한다면 추천한다. i

배합·발효법
바게트와 동일하다.

data
사진의 빵	길이 36cm×폭 5.5cm×높이 4.5cm
사이즈	무게 104g

피셀Ficelle이란 '끈'이라는 의미이다. 바삭바
삭한 식감을 선호하는 사람들을 위해 일반
바게트보다 가느다란 굵기의 피셀이 만들어
졌다. 가늘고 크럼이 적은 만큼, 바삭한 식감
이 그대로 느껴진다. 반을 갈라서 속을 채우
는 샌드위치에 적합하다.

'공'을 의미하는 동그란 빵

Boule

불

폭신폭신하고 부드러운
식감이다. 속을 파내어
스튜 등을 넣어
먹기도 한다. ⅰ

배합·발효법
바게트와 동일하다.

불Boule은 '공'이라는 의미로, 반구형의 모양
이다. '불랑제Boulanger(제빵사)'나 '불랑주리
Boulangerie(빵집)'가 어원인 빵이다. 쿠프가
십자 모양으로 들어간 경우가 많다.
크림이 많기 때문에 껍질보다도 속의 쫄깃한
식감을 좋아하는 사람에게 추천한다. 토스트
나 샌드위치로 만들면 맛있다.

data

사진의 빵 사이즈	길이 16.5cm×폭 16.5cm×높이 9cm
	무게 292g

'보리의 이삭'에서 비롯된 빵

Épi

에피

작달만한 것부터
길쭉한 것까지 사이즈가
다양하다. ⅰ

배합·발효법
바게트와 동일하다.

data

사진의 빵 사이즈	길이 63cm×폭 11cm×높이 4.5cm
	무게 237g

에피Épi란 '보리의 이삭'이라는 의미로, 그 이름대로 보
리의 이삭을 본뜬 빵이다. 반죽을 길고 가느다란 봉 모
양으로 성형하여 가위로 칼집을 낸 다음 좌우로 틀어서
펼친다. 금방 구워지기 때문에 바싹 익히면 뾰족한 부
분은 더욱 고소해진다. 한 덩어리씩 찢어서 먹는다. 플
레인 외에 베이컨이나 치즈를 넣은 빵도 인기가 많다.

바삭바삭한 식감, 모티브는 코담배 주머니

Tabatière
타바티에르

사이즈에 따라
식감이 다르고 작을수록
더 바삭하다. ⓘ

'코담배 주머니'라는 의미로, '타바티에'라고도 발음한다. 둥글게 뭉친 반죽의 끝 1/3 정도를 밀대로 얇게 민 다음, 둥근 부분에 겹쳐 접는다. 최종 발효를 할 때에는 뚜껑처럼 접힌 윗부분을 밑으로 둔다. 뚜껑 부분과 겉은 바삭바삭하고 속은 부드러운 식감이 특징이다.

배합·발효법
바게트와 동일하다.

data

사진의 빵 사이즈	길이 13cm×폭 9.5cm×높이 8.5cm 무게 118g

식감의 차이를 즐기다

Champignon
샹피뇽

위의 갓 부분과 밑부분이
제대로 떨어져 있는지
확인해야 한다. 갓 부분을 떼어
내고 속을 파서 그릇처럼
사용할 수 있다. ⓘ

배합·발효법
바게트와 동일하다.

data

사진의 빵 사이즈	길이 7cm×폭 7.5cm×높이 6.5cm 무게 35g

버섯의 형태와 닮았다고 하여 샹피뇽 Champignon(양송이)이라고 이름 붙여졌다. 둥글게 성형한 반죽에 얇게 핀 반죽을 올리고, 거꾸로 뒤집어서 발효시킨 다음 구워 낸다. 갓 부분은 고소하면서도 바삭해지고 밑부분은 폭신해서 바삭함과 부드러움을 모두 즐길 수 있는 점이 특징이다.

묵직한 식감으로 씹는 맛이 일품

Fendu
팡뒤

배합·발효법
바게트와 동일하다.

얇게 슬라이스해서
굽는 것을
추천한다. i

data
사진의 빵 길이 26.5cm×폭 14cm×높이 7cm
사이즈 무게 321g

두 개의 산 형태가 특징이다. 성형할 때 둥글게 뭉친 반죽 정중앙에 얇은 막대를 가로로 놓고 누르면 갈라진 자국 때문에 산처럼 보이게 된다. 팡뒤Fendu란 프랑스어로 '갈라진 틈', '쌍둥이'를 의미한다.
씹는 맛이 확실한 껍질 부분과 부드러운 속살, 두 가지 식감을 모두 갖고 있다.

하나의 쿠프로 심플한 모양

Coupe
쿠페

크러스트에서 풍기는
고소함과 크럼의
푹신한 식감을 제대로
맛볼 수 있다. i

배합·발효법
바게트와 동일하다.

data
사진의 빵 길이 14cm×폭 8cm×높이 6cm
사이즈 무게 68g

쿠페Coupe란 '잘리다'라는 의미로, 중앙에 크게 벌어진 쿠프가 특징이다. 굽기 직전에 표면에 칼집을 크게 하나 내기 때문에 '쿠페'라고 불린다. 풋볼 모양에 하얗고 부드러운 속살 부분이 많아서 인기가 높다.

파리 사람에게 고향을 떠오르게 하는 시골 빵

Pain de Campagne
팽 드 캉파뉴

식힌 후에 먹어야
맛이 좋고, 4~5일간
보존할 수 있다. i

data

타입	린 타입, 직접 굽기, 식사 빵
주요 곡물	밀가루
사진의 빵 사이즈	길이 26cm×폭 13cm×높이 9cm 무게 333g
발효법 등	빵효모와 천연 발효종 르뱅을 병용 하여 발효하는 경우가 많다.

파리 근교 지역의 사람들이 빵을 만들어서 파리로 팔러 왔다고 하여 '시골 빵'이라는 의미의 이름이 붙었다고 한다. '팽 그랑메르 Pain Grand-Mère(할머니의 빵)'라는 이름으로도 불렸다고 한다.

본디 곡물이나 과실에 붙어 있던 천연 효모를 증식시킨 발효종(프랑스에서는 르뱅Levain종이라고 불린다·168쪽 참조)이 발효원이기 때문에 천연 유산균의 발효량이 많아 산미의 향기, 풍미, 식감이 보통의 빵보다 강한 편이다. 대중적인 맛을 위해 르뱅종 대신 전날에 만들어서 냉장해 둔 프랑스빵 반죽을 사용해 만드는 방법이 일반적이지만 그럴 경우 향과 풍미는 줄어든다.

소박한 맛과 오래 먹을 수 있는 보존력이 특징이다. 크기는 20cm에서 40cm 정도이며, 형태는 보통 반달형이나 원형이 많다. 반죽은 밀가루에 10% 전후의 호밀가루와 전립분을 섞어서 만들지만 다양한 배합도 가능하다.

천연 효모의 풍미를 맛보는 하드 계열 빵

Pain au Levain

팽오르뱅

구운 다음 날이
가장 맛있다. 일주일 정도
맛이 유지된다. ⓘ

배합 예시
르뱅종 : 33%
프랑스빵 전용 가루 : 90%
호밀가루 : 10%
빵효모 : 0.15%
식염 : 2.1%
몰트 시럽 : 0.3%
물 : 약 65%

data

타입	린 타입, 직접 굽기, 식사 빵
주요 곡물	밀가루
사진의 빵 사이즈	길이 24cm×폭 24cm×높이 16cm 무게 833g
발효법 등	빵효모를 사용하지 않고(미량 사용하는 경우도 있다) 종을 만들어서 여러 번 종잇기를 한 다음, 발효력과 산미를 늘려서 사용한다.

빵효모 이전에 사용하던 르뱅종만을 발효원으로 한 고전적인 빵이다. 천연 효모와 유산균이 생성되면 맛이 무척 깊어진다. 이러한 깊은 맛을 방해하지 않는 선에서 미량의 빵효모(가루 0.2% 이하) 배합이 가능하다. 르뱅종과 빵 반죽의 발효 관리가 어려운 편이다. 르뱅종은 곡물이나 과일로 만드는데, 특히 건포도와 사과가 발효력이 높고 안정성이 있어 자주 사용된다. 어떤 재료를 사용하느냐에 따라 빵의 향과 산미가 달라진다.

빵효모를 발효원으로 한 빵보다는 덜 부풀지만 딱딱한 식감이어서 씹을수록 감칠맛이 나고, 르뱅종 특유의 산미를 느낄 수 있다. 이 산미는 부패 방지의 효과도 있다. 뚜렷한 맛과 식감으로 대부분의 요리와 잘 맞는다. 그 중에서도 맛이 강한 치즈나 소시지, 훈제 고기 등과 함께 먹으면 맛있다.

수분이 많아 촉촉한 빵

Pain de Lodève
팽드로데브

기포가 크고 듬성듬성
난 것이 특징이다.
쫀득한 크러스트를
맛볼 수 있다. ℹ️

배합 예시

르뱅종 : 30%
프랑스빵 전용 가루 : 70%
　강력분 : 30%
빵효모 : 0.2%
식염 : 2.5%
몰트 시럽 : 0.2%
물 : 88%

data

타입	린 타입, 직접 굽기, 식사 빵
주요 곡물	밀가루
사진의 빵 사이즈	길이 9cm×폭 20cm×높이 7cm 무게 396g
발효법 등	르뱅종의 천연 발효와 유산균 및 빵효모에 의한 발효. 부드럽게 뭉켜진 반죽에 펀치(170쪽 참조)를 반복한다.

남프랑스의 작은 동네 로데브Lodève
에서 유래된 이름이다. 빵 만들기의 한계
를 뛰어넘을 정도로 다량의 물을 배합한다. 다량
의 물을 넣어 반죽하므로 반죽이 질척여서 다루
기가 쉽지 않다. 잘 반죽된 빵은 팽 루스티크Pain
Rustique처럼 크림의 기포가 크직하며, 수분이 많
아 루스티크보다 훨씬 쫀득쫀득하고 촉촉한 식
감을 즐길 수 있다.

심플하게 밀가루의 맛을 즐기다

Pain Rustique
팽루스티크

배합 예시

프랑스빵 전용 가루 : 100%
인스턴트 드라이이스트 : 0.4%
식염 : 2%
몰트 시럽 : 0.2%
물 : 72%

금방 구운 것이
맛있다. 테린Terrine*이나
페이스트, 리예트 등 맛이
진하고 부드러운 요리와
찰떡궁합이다. ℹ️

data

타입	린 타입, 직접 굽기, 식사 빵
주요 곡물	밀가루
사진의 빵 사이즈	길이 19cm×폭 13cm×높이 7.5cm 무게 234g
발효법 등	빵효모에 의한 발효. 발효종을 사용하지 않는 프랑스빵 반죽을 이용하는 것도 가능하다. 분할한 반죽을 뭉치거나 성형하지 않고 그대로 최종 발효하는 것이 특징이다.

일본에 프랑스빵을 알린 레이먼드 칼벨Raymond
Calvel이 1983년에 만들었다. 바게트 반죽을 토대
로 '팽 드 로데브Pain de Lodève'를 응용하여 만든
다. 기포 수가 적은 것이 특징으로, 쫄깃한 식감
을 한번 맛보면 손을 멈출 수 없다. 껍질이 얇고
속은 쫄깃하며, 씹을수록 밀의 단맛이 퍼지고 깊
은 맛을 느낄 수 있다.

*테린 : 사각틀에 고기, 생선 등을 담아 단단히 다진 후, 차게 식혀 먹는 요리.

맛도 모양도 소박한 전립분 빵

Pain Complet
팽 콩플레

모양은 식빵처럼
틀에 넣어서 굽는
각형이나 반달형이
주를 이룬다. i

data

타입	린 타입, 직접 굽기, 식사 빵
주요 곡물	밀가루
사진의 빵 사이즈	길이 24cm×폭 9.5cm×높이 6.5cm 무게 249g
발효법 등	르방종과 빵효모에 의한 발효.

밀의 밀기울(밀가루에서 가루를 빼고 남은 찌꺼기)이나 배아를 제거하지 않고 통째로 간 전립분(그레이엄Graham 가루)이 주원료인 빵으로, 이름에는 '완전한 빵'이라는 의미가 있다. 표면은 다갈색, 속은 촘촘하며 옅은 갈색빛을 띤다. 전립분이 다량 포함되어 묵직한 느낌으로 완성된다. 비타민과 미네랄, 식이 섬유가 풍부하다.

바삭한 식감의 호두 빵

Pain aux Noix
팽 오 누아

간단한 반죽과
고소한 크러스트,
호두의 궁합은 최고! i

누아Noix는 '호두'를 말한다. 심플한 반죽에 볶은 호두만 넣어도 구수한 식감을 즐길 수 있다. 일본에서는 리치 타입인 경우가 많다. 타원형이나 원형인 빵도 많고 호두와 함께 건조 과일이나 다른 견과류가 들어가기도 한다. 얇게 썰어서 버터나 치즈를 듬뿍 발라 먹는 것을 추천한다.

data

타입	리치/린 타입, 직접 굽기, 식사 빵
주요 곡물	밀가루
사진의 빵 사이즈	길이 18cm×폭 9cm×높이 6.5cm 무게 159g
발효법 등	빵효모에 의한 발효.

축촉하고 부드러운 프랑스 식빵
Pain de Mie
팽드미

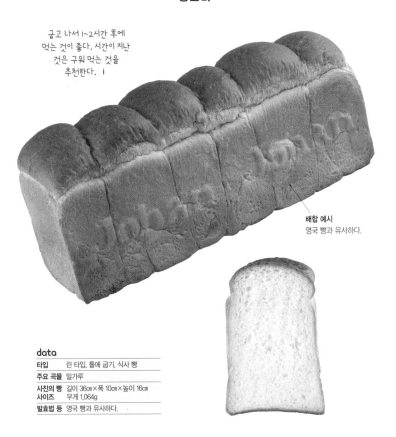

굽고 나서 1~2시간 후에
먹는 것이 좋다. 시간이 지난
것은 구워 먹는 것을
추천한다. i

배합 예시
영국 빵과 유사하다.

data

타입	린 타입, 틀에 굽기, 식사 빵
주요 곡물	밀가루
사진의 빵 사이즈	길이 36cm×폭 10cm×높이 16cm 무게 1,064g
발효법 등	영국 빵과 유사하다.

프랑스 식빵, 팽 드 미Pain de Mie. 20세기 초반에 영국에서 유입된 것으로 일컬어지며, 영국 빵과 배합이 유사하고 대중적인 프랑스 빵보다 촉촉하고 달큰한 식감을 즐길 수 있다. 미Mie는 '속 알맹이'를 뜻하며, 바게트처럼 껍질이 바삭바삭한 빵에서 부드러운 속살을 즐긴다는 의미로 이름 붙여졌다. 각형이나 산형, 원통형이 있다.

심플해서 다양한 요리와 잘 어울리고 질리지 않는 맛이 매력적이다. 일상적으로 먹는 식빵과 먹는 방법이 동일하며, 보통 얇게 썰어서 바로 먹거나 구워 먹는다. 버터와 잼을 바르기도 하고, 샌드위치, 카나페, 혹은 프랑스식 샌드위치인 크로크무슈Croque-monsieur로 만들기도 한다.

톡 튀어나온 '승려의 머리'

Brioche à Tête
브리오슈 아 테트

data

타입	리치 타입, 틀에 굽기, 과자 빵(식사 빵)
주요 곡물	밀가루
사진의 빵 사이즈	길이 7㎝×폭 7㎝×높이 7㎝ 무게 30g
발효법 등	1시간 반~2시간 반 정도 발효시키고, 냉장고에 하룻밤 둔다.

배합 예시

강력분 : 100%
빵효모 : 4%
설탕 : 15%
식염 : 2%
제빵 개량제 : 0.2%
무염 버터 : 40%
전란 : 40%
달걀노른자 : 5%
우유 : 20%

일본에서는 일반적으로 작은 사이즈가 많다. 낭테르나 무슬린처럼 큰 형태는 슬라이스해서 먹는다. i

브리오슈 낭테르
Brioche Nanterre

달걀과 버터를 충분히 사용한 브리오슈 Brioche는 가장 리치한 타입에 속한다. 노르스름한 색을 띠는 속살이 특징이다. 겉은 바삭하고, 속은 폭신하고 말랑말랑한 식감이다. 프랑스에서는 소시지나 푸아그라와 함께 오르되브르Hors-d'œuvre(전채 요리)로 내어지기도 한다.

설탕이 들어간 프랑스빵 중에서 가장 오래되었지만 본래는 과자의 한 종류였다. 과자인 구겔호프나 사바랭Savarin, 가토 데 루아 Gateau Des Rois는 브리오슈를 응용해서 만든 과자 빵들이다.

브리오슈에는 여러 가지 종류가 있고 머리가 톡 튀어나온 귀여운 형태의 브리오슈 아 테트Brioche à Tête(프랑스 중세의 승려 머리라는 의미)가 일반적이며, 그 외에 낭테르Nanterre(파운드형)나 쿠론느Couronne(왕관형), 무슬린 Mousseline(원통형) 등이 있다.

식감은 파이처럼 바삭바삭

Croissant
크루아상

한입 와삭 깨물었을 때
껍질이 여기저기 흩뿌려지면
맛있게 구워진 것이다. 시간이
지난 빵은 오븐 토스터로
따뜻하게 데워서 먹으면 풍미와
식감이 되살아난다. ⓘ

배합 예시

프랑스빵 전용 가루 : 100%
빵효모 : 3%
설탕 : 8%
식염 : 2%
탈지분유 : 4%
쇼트닝 : 5%
물 : 약 58%
접기형 파이 반죽용 버터 : 50%

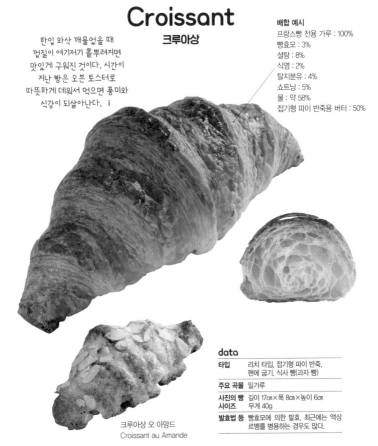

크루아상 오 아망드
Croissant au Amande

data

타입	리치 타입, 접기형 파이 반죽, 팬에 굽기, 식사 빵(과자 빵)
주요 곡물	밀가루
사진의 빵 사이즈	길이 17cm×폭 8cm×높이 6cm 무게 40g
발효법 등	빵효모에 의한 발효. 최근에는 액상 르뱅를 병용하는 경우도 많다.

프랑스어로 '초승달'을 의미하며 초승달 형태가 기본이다. 예전에 프랑스에서는 버터를 100% 사용하면 마름모꼴로, 그 외의 유지를 사용한 경우에는 초승달 형태로 만들었고, 현재는 버터를 사용한 마름모꼴이 대중적이다. 빵의 유래는 1683년 오스트리아 빈에서 사람들이 터키(오스만 제국)군의 깃발 표식인 초승달을 본떠 빵을 구운 것에서 시작되었다고 한다. 당시에는 오늘날처럼 접기형 파이 반죽 빵이 아니었지만, 훗날 왕비 마리 앙투아네트가 결혼하며 프랑스로 건너가서 대중화시켰고 곧 현재와 같은 접기형 파이 반죽으로 변형되었다. 발효 반죽에 버터를 넣고 구우면 파이 반죽처럼 층이 생기며 갓 구운 것일수록 가벼운 식감을 맛볼 수 있다. 그대로 먹어도 좋고 짭짤한 음식과 잘 어울리기 때문에 샌드위치로 먹어도 좋다. 아몬드 크림을 넣거나 올려서 구운 '크루아상 오 아망드Croissant au Amande'도 인기가 높다.

맛의 승부는 초콜릿!

Pain au Chocolat

팽오쇼콜라

data

타입	리치 타입, 접기형 파이 반죽, 팬에 굽기, 과자 빵(식사 빵)
주요 곡물	밀가루
사진의 빵 사이즈	길이 13cm×폭 8cm×높이 4.5cm 무게 50g
발효법 등	빵효모에 의한 발효.

바삭하게 구워지면
측면에 반죽 층이 가지런히
나타난다. 살짝 데워서
초콜릿을 녹이면 더욱
맛있다. i

직사각형의 크루아상 반죽으로 초콜릿을 감싼 빵으로, 프랑스를 대표하는 과자 빵 중 하나이다. 귀퉁이가 둥근 직육면체 형태인 점이 특징이다. 가게에 따라 표면에 아몬드 슬라이스를 토핑하기도 한다.

입에서 살살 녹는 파이는 사이사이에서 풍기는 버터 향과 진한 초콜릿의 달콤함이 어우러져서 황홀한 맛이다. 크루아상처럼 층층이 겹치는 바삭바삭함과 초콜릿이 맛의 핵심이다. 차갑게 식은 것은 판 초콜릿의 단단한 식감을 즐길 수 있고, 방금 구웠거나 따뜻한 것은 사르르 녹는 부드러운 초콜릿 맛을 느낄 수 있다.

바삭한 식감을 맛볼 수 있는 갓 구운 것이 가장 맛이 좋다. 또한 빵을 고를 때는 노릇노릇하고 크게 부풀어 오른 것이 좋다.

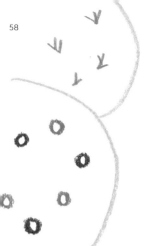

Italy

Europe

Italian Bread
이탈리아의 빵

> " 세로로 길쭉한 지형에서
> 온갖 개성 넘치는 빵이 탄생하다 "

파스타와 피자 등 밀가루를 사용한 요리가 유명한 이탈리아에서도 빵은 항상 일상과 함께합니다. 남북으로 길게 뻗은 지형 탓에 나타나는 기후 차이가 수많은 빵을 탄생하게 했습니다. 고대 로마 시대부터 만들어진 표면이 옴폭 패인 포카치아Focaccia, 스낵처럼 오독오독한 식감의 스틱 모양 그리시니Grissini, 슬리퍼를 의미하는 이름의 사각형 치아바타Ciabatta 등 이탈리아는 개성 넘치는 빵들로 가득합니다.

식사에 곁들이거나 샌드위치로 만들 때가 많은 이탈리아 빵은 특히 이탈리아 요리와는 천생연분입니다. 반죽에 올리브유를 섞어 넣거나 빵에 버터가 아닌 올리브유를 찍어 먹는 습관도 이탈리아만의 방식입니다.

크리스마스 과자로 유명한 파네토네Panettone도 이탈리아에서 만들어졌습니다. 파네토네종이라는 발효종을 사용한 비슷한 반죽으로, 판도로Pan Doro와 콜롬바Colómba라는 발효 과자도 만들 수 있습니다.

쫄깃쫄깃한 식감과 밀의 단맛이 백미

Ciabatta

치아바타

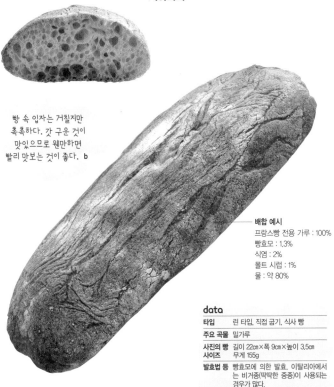

빵 속 입자는 거칠지만
촉촉하다. 갓 구운 것이
맛있으므로 웬만하면
빨리 맛보는 것이 좋다. b

배합 예시

프랑스빵 전용 가루 : 100%
빵효모 : 1.3%
식염 : 2%
몰트 시럽 : 1%
물 : 약 80%

data

타입	린 타입, 직접 굽기, 식사 빵
주요 곡물	밀가루
사진의 빵 사이즈	길이 22cm×폭 9cm×높이 3.5cm 무게 155g
발효법 등	빵효모에 의한 발효. 이탈리아에서는 비거종(딱딱한 중종)이 사용되는 경우가 많다.

이탈리아 북부의 폴레시네Polesine 지방 아드리아Adria에서 처음 만들어졌다. 평평한 형태에 '슬리퍼'나 '신발 안창'을 의미하며, 작고 둥그스름한 것은 치아바티나Ciabattina라고 부른다. 최근에는 독일과 북유럽에서도 인기가 높다.

이탈리아에서는 프랑스의 바게트와 같은 존재로, 식탁에 자주 등장한다. 물을 다량으로 첨가한 반죽을 큰 기포가 한눈에 보이도록 가능한 두껍게 성형하는 것이 특징이다. 치

아바타는 어떤 빵집 주인이 반죽에 물을 너무 많이 넣는 바람에 실패한 결과물에서 비롯되었다고 한다.

겉은 바삭바삭하고 속은 탄력이 있어서 촉촉한 식감이다. 이탈리아에서는 소금이 섞인 올리브유에 찍어서 먹는 것이 일반적이며, 토스트에도 버터가 아닌 올리브유를 바르고 소금을 뿌린다. 반으로 잘라서 햄과 치즈를 끼워 먹는 이탈리아 샌드위치 파니노Panino도 추천한다.

피자의 원형인 평평한 빵

Focaccia
포카치아

일본에서는 둥근 형태가
많지만 이탈리아에서는
직사각형도 흔한 모양으로,
먹기 편하게 잘라서
식탁에 올려 둔다. b

배합 예시
프랑스빵 전용 가루 : 100%
빵효모 : 2.5%
식염 : 2%
몰트 시럽 : 1%
올리브유 : 7%
물 : 약 55%

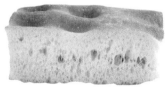

data

타입	린 타입, 팬에 굽기, 식사 빵
주요 곡물	밀가루
사진의 빵 사이즈	길이 12.5cm×폭 12cm×높이 4cm 무게 123g
발효법 등	빵효모에 의한 발효.

고대 로마 시대부터 만들어진 전통 있는 평평한 빵으로, 이탈리아 북서부의 제노바가 발상지이다. '불로 구운 것'을 의미하며, 피자의 원형이라고도 일컬어진다.

평평하게 늘인 반죽에 올리브유를 바르고 표면에 손끝으로 홈을 판 다음 구워 내는 것이 특징이다. 플레인 외에 로즈마리나 올리브, 건조 토마토를 토핑하기도 한다. 그밖에도 버터와 설탕을 뿌려 달달하게 먹거나 기름에 튀기는 등 변형은 얼마든지 가능하다.

소금기가 강한 포카치아는 맥주나 키노토 Chinòtto(이탈리아에서 즐겨 마시는 탄산 주스)와도 잘 어울린다. 가게에서 술안주로 먹을 때는 스틱 모양으로 자른 포카치아에 올리브유가 함께 나오기도 한다. 또한 파니노Panino에도 잘 쓰인다.

스낵처럼 바삭바삭한 식감

Grissini
그리시니

오독오독
부러뜨려 먹는다.
수분이 적기 때문에 오래
보존할 수 있다. **b**

배합 예시
프랑스빵 전용 가루 : 100%
빵효모 : 3%
식염 : 2%
몰트 시럽 : 0.5%
올리브유 : 7%
물 : 약 55%

이탈리아 북서부의 피에몬테Piemonte 지방 토리노Torino가 발상지로, 크래커와 같은 식감이 특징이다. 나폴레옹이 '작은 토리노의 막대기'라고 부르며 즐겨 먹었다고 한다. 어느 이탈리아의 레스토랑에서나 항상 접할 수 있는 메뉴이다. 전채 요리나 식사와 함께, 또는 생 햄을 말거나 올리브유를 찍어서 와인 안주로 먹으면 제격이다.

data
타입	린 타입, 직접 굽기, 식사 빵
주요 곡물	밀가루
사진의 빵 사이즈	길이 18.5cm×폭 1.5cm×높이 1cm 무게 13g
발효법 등	빵효모에 의한 발효.

장미 모양의 하드 계열 롤빵

Rosetta
로제타

구운 당일에 먹어야 좋다. 꽃잎이 크게 부풀어 오른 것일수록 가벼운 식감이어서 맛있다. **a**

배합 예시
프랑스빵 전용 가루 : 100%
빵효모 : 1%
식염 : 2%
몰트 시럽 : 1%
물 : 약 52%

로제타Rosetta는 '장미'를 의미하며 다섯 개의 꽃잎 모양이 특징으로, 속을 비우는 경우도 있다. 일본에서는 라드Lard(돼지기름)가 들어간 것이 인기가 높고, 라드가 들어가지 않은 것은 크러스트의 바삭한 식감을 즐길 수 있다. 요리에 곁들이거나 반으로 잘라서 샌드위치로 만들어도 좋다. 붉은 살코기 요리, 살라미, 생 햄과 잘 맞는다.

data
타입	린 타입, 직접 굽기, 식사 빵
주요 곡물	밀가루
사진의 빵 사이즈	길이 7cm×폭 7cm×높이 5cm 무게 35g
발효법 등	빵효모에 의한 발효.

이탈리아의 리치 타입 과자 빵

Panettone
파네토네

현지에서는 틀에
담긴 빵을 세로로 자른다.
마스카르포네 치즈나
생크림과 잘 어울린다. **b**

배합 예시

파네토네종 : 30%
강력분 : 100%
설탕 : 27%
식염 : 0.8%
무염 버터 : 30%
달걀노른자 : 22%
물 : 약 32%
살타나 건포도 : 35%
오렌지 필 : 12%
레몬 필 : 12%

data

타입	리치 타입, 틀에 굽기, 발효 과자
주요 곡물	밀가루
사진의 빵 사이즈	길이 15cm×폭 15cm×높이 12cm 무게 708g
발효법 등	본래는 파네토네종만을 이용하며 만드는 데 20시간 정도 걸린다. 효율성을 위해 빵효모를 병용하기도 하지만 특수한 맛이 저하된다.

밀라노에서 탄생한 크리스마스용 발효 과자로, 크리스마스에 지인이나 친척에게 선물하는 관습이 있다. 현재는 일년 내내 먹는 친숙한 빵이다.

파네토네의 유래는 여러 가지가 있지만 그중한 가지는 '토니의 빵'에서 변형되어 파네토네가 되었다는 설이다. 토니는 밀라노의 빵집주인 이름으로, 그가 만든 과자가 대성공을하면서 오늘날까지 전해지고 있다고 한다.

파네토네의 매력은 건조 과일과 폭신폭신한반죽의 호화로운 맛이다. 빵효모가 아닌 야생의 효모와 유산균을 특수한 방법으로 증식시킨 파네토네종으로 발효한다. 이 방법은까다롭지만 향과 풍미가 좋으며 장기 보존이가능하다.

작은 사이즈의 '파네톤치노Panettoncino', 아몬드 가루와 달걀흰자, 설탕으로 만든 토핑을뿌린 '파네토네 만돌라토Panettone Mandorlato'도 있다.

달걀과 버터가 듬뿍 들어간 황홀한 조화

Pan Doro
판도로

구운 다음 날부터 먹기 좋다. 파네토네종으로 만든 것은 1개월 정도 보존할 수 있다. ℹ

배합 예시
파네토네종 : 20%
프랑스빵 전용 가루 : 100%
빵효모 : 0.6%
설탕 : 32%
식염 : 0.9%
벌꿀 : 4%
무염 버터 : 33%
카카오 버터 : 2%
전란 : 60%
달걀노른자 : 5%
우유 : 12%

data
타입	리치 타입, 틀에 굽기, 발효 과자
주요 곡물	밀가루
사진의 빵	길이 16cm×폭 16cm×높이 14.5cm
사이즈	무게 221g
발효법 등	파네토네와 동일하다.

슈톨렌이나 파네토네와 함께 크리스마스의 발효 과자로 널리 알려져 있다. 이름은 '황금 빵'을 의미하고, 달걀과 버터를 듬뿍 사용하여 굽는다. 부드러운 빵이 입에서 살살 녹으면서 달콤함과 발효의 풍미를 느낄 수 있다. 노란 크림과 별 모양이 특징으로, 소형 빵은 '판도리노Pandorino'라고 부른다.

부활절 상징인 비둘기 모양

Colómba
콜롬바

보통 비스듬히 잘라서 먹는다. 겉에 올린 굵은 설탕의 오독오독한 식감이 매력적이다. ℹ

정식 명칭은 '콜롬바 파스쿠알레Colómba Pasquale'이며, 콜롬바Colómba는 '비둘기', 파스쿠아Pasqua는 '부활절'을 의미한다. 판도로 반죽에 오렌지 필을 섞어서 넣고, 비둘기를 본뜬 틀에 구워서 부활절을 축하하는 발효 과자이다. 달콤함과 부드러움을 즐길 수 있는 디저트로, 달달한 스파클링 와인과도 어울린다.

data
타입	리치 타입, 틀에 굽기, 발효 과자
주요 곡물	밀가루
사진의 빵	길이 26cm×폭 18.5cm×높이 9cm
사이즈	무게 591g
발효법 등	파네토네와 동일하다.

Europe

Danish Bread

덴마크의 빵

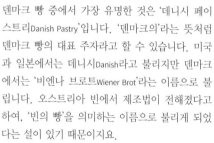

"세계에서 사랑받는
데니시의 본고장을 가다"

덴마크 빵 중에서 가장 유명한 것은 '데니시 페이
스트리Danish Pastry'입니다. '덴마크의'라는 뜻처럼
덴마크 빵의 대표 주자라고 할 수 있습니다. 미국
과 일본에서는 데니시Danish라고 불리지만 덴마크
에서는 '비엔나 브로트Wiener Brot'라는 이름으로 불
립니다. 오스트리아 빈에서 제조법이 전해졌다고
하여, '빈의 빵'을 의미하는 이름으로 불리게 되었
다는 설이 있기 때문이지요.

데니시는 발효 반죽에 버터를 올려놓고 접어서 구
운 빵으로, 버터의 무거운 풍미와 바삭거리는 식
감이 가장 큰 특징입니다. 덴마크에서는 이 반죽
을 이용하여 필링이나 토핑을 더하는 등 다양한 종
류의 빵과 페이스트리가 만들어졌고, 평범한 간식
시간이나 아침 식사, 축제 등 많은 곳에서 등장합
니다.

또한 데니시 이외에도 식사 빵으로 호밀빵이나 흰
빵도 대중적입니다. 저녁에는 호밀빵이 자주 식탁
에 오르며, 흰 빵은 주로 아침에 먹습니다.

버터 향 가득한 맛을 즐기다

Tebirkes
티비아키스

굽자마자 먹으면 특유의 가벼운 식감을 맛볼 수 있어서 좋다. 홍차나 커피와 잘 어울린다. a

배합 예시
강력분 : 75%
박력분 : 25%
빵효모 : 8%
설탕 : 8%
식염 : 0.8%
마가린 : 8%
전란 : 20%
물 : 40%
충전용 유지(버터 또는 마가린) : 92%

data

타입	리치 타입, 팬에 굽기, 과자 빵(식사 빵)
주요 곡물	밀가루
사진의 빵 사이즈	길이 8.5cm×폭 7.5cm×높이 4.5cm 무게 50g
발효법 등	빵효모에 의한 발효.

덴마크를 대표하는 데니시 페이스트리로, 티Te는 '차', 비아키스Birkes는 '하얀 양귀비 씨앗(포피 시드)'이라는 의미이다. 표면에 포피 시드를 토핑하는 것이 특징이며, 끝이 둥그런 사다리꼴 모양이다. 사진처럼 검은색 포피 시드를 사용하기도 한다.
층층이 겹친 얇은 반죽에서 바삭바삭 가벼운 식감과 풍부한 버터 풍미, 그리고 은근한 단맛을 느낄 수 있다.

세 가지 곡물로 식이 섬유가 풍부한 빵

Trekornbroad
트레콘브로트

얇게 슬라이스하는 것을 추천한다. 수프나 해산물, 채소 요리 등과 잘 어울린다. a

배합 예시
강력분 : 80%   식염 : 2%
호밀가루 : 10%   검은깨 : 10%
밀 전립분 : 10%   물 : 67%
빵효모 : 1.7%   흰깨 : 적당량

트레콘브로트Trekornbroad의 트레Tre는 '세 가지의', 콘Korn은 '곡물'이라는 의미로, 밀 전립분, 호밀가루, 참깨를 한데 섞은 덴마크의 전통 빵이다. 겉과 속 모두 깨가 잔뜩 사용된다.
연어나 흰 살 생선과 궁합이 좋고 샌드위치로 만드는 것도 추천한다. 수프와도 잘 어울린다.

data

타입	린 타입, 직접 굽기, 식사 빵
주요 곡물	밀가루
사진의 빵 사이즈	길이 30cm×폭 11cm×높이 9cm 무게 610g
발효법 등	빵효모에 의한 발효.

모두와 함께 잘라서 나눠 먹는 행복
Large Kringle
라지 크링글

금방 구워서 바로 먹어야
맛있다. 블랙커피나
홍차와 함께 크림의
단맛을 즐겨 보자. a

data

타입	리치 타입, 접기형 파이 반죽, 팬에 굽기, 과자 빵
주요 곡물	밀가루
사진의 빵 사이즈	길이 28cm×폭 20cm×높이 3.5cm 무게 430g
발효법 등	빵효모에 의한 발효.

라우겐브레첼Laugenbrezel, 또는 일본어 글자인 히라가나의 '메ㅆ' 자로도 보이는 모양이 특징인 라지 크링글Large Kringle은 특별한 날을 위한 페이스트리이다. 덴마크에서는 생일을 맞이하는 사람이, 자신의 행복을 나누기 위해 이 빵을 사서 주위 사람들에게 대접하는 관습이 있다. 생일이나 크리스마스 등 축하할 때에는 빼놓을 수 없는 케이크와 같은 존재이다.

버터를 올리고 접어 만든 데니시 반죽에 버터 페이스트, 마지팬Marzipan(아몬드 가루와 설탕, 달걀흰자로 만든 아몬드 페이스트)을 순서대로 바르고 커스터드 크림을 짠 다음 럼 레이즌을 뿌린다. 반죽을 통 모양으로 감싸고 평평하게 성형한다. 겉에는 슬라이스 아몬드를 토핑한다. 겉은 바삭하고 고소하며 속의 크림은 촉촉해서 식감의 차이가 즐겁다. 또한 버터의 풍미와 달콤한 크림이 조화롭다.

납작한 페이스트리의 대표 주자

Copenhagener
코펜하게너

덴마크에서 대중적이면서도
전통 있는 페이스트리.
취향껏 커피나 홍차와
함께 먹어 보자. a

data

타입	리치 타입, 접기형 파이 반죽, 팬에 굽기, 과자 빵
주요 곡물	밀가루
사진의 빵 사이즈	길이 7cm×폭 7cm×높이 2cm 무게 82g
발효법 등	빵효모에 의한 발효.

덴마크의 도시, 코펜하겐Copenhagen의 이름이 붙은 페이스트리로 일본에서도 인기가 많다. 데니시라고 하면 덴마크가 유명하지만 원래는 오스트리아의 빈에서 유래되었다고 한다. 오스트리아에서는 데니시 자체를 코펜하게너Copenhagener라고 부르기도 한다.

덴마크의 데니시는 들어가는 버터의 양이 많고 바삭바삭한 식감이 중시된다. 또한 납작한 형태가 많다.

다양한 종류가 있으며, 사진의 빵은 데니시 반죽에 호두와 건포도, 꿀 등을 섞은 필링을 넣은 것이다.

갓 구운 빵의 식감이 가장 좋기 때문에 식기 전에 먹으면 맛있다. 시간이 지나서 다 식어 버렸을 때는 오븐 토스터로 가열하면 식감이 돌아온다. 심하게 가열하면 수분이 날아가므로 주의해야 한다.

커스터드 크림이 주인공

Spandauer
슈판다우

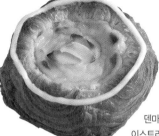

금방 구운 빵이 맛있다.
오븐 토스터에 데우면
바삭한 식감이 다시
살아난다. a

덴마크의 대표적인 페이스트리 중 하나로, 일본에서도 인기가 높다. 데니시 반죽에 마지팬을 넣어 중앙에 커스터드 크림을 넣고 굽는다. 표면에는 슈거 글라스Sugar Glass와 아몬드 슬라이스를 올리는 경우가 많다.
촉촉하고 진한 커스터드 크림과 가벼운 식감이 아주 잘 어울린다.

data

타입	리치 타입, 접기형 파이 반죽, 팬에 굽기, 과자 빵
주요 곡물	밀가루
사진의 빵 사이즈	길이 10cm×폭 10cm×높이 3.5cm 무게 70g
발효법 등	빵효모에 의한 발효.

초콜릿이 올라간 동그란 페이스트리

Chokoladebolle
쇼콜라데볼레

커스터드 크림과 사과를
함께 조려서 넣기도 한다.
시간이 지나면 초콜릿 부분이
묵직해지면서 옴폭 꺼진다. a

덴마크의 대중적인 페이스트리이다. 속에 커스터드 크림이 들어가고, 둥그런 형태와 위쪽의 초콜릿 코팅이 상징이다. 속이 텅 비어 있는 것일수록 향과 맛 모두 좋다고 여긴다. 바삭거리는 반죽의 고소함과 고급스러운 단맛에는 커피가 제격이다.

data

타입	리치 타입, 접기형 파이 반죽, 팬에 굽기, 과자 빵
주요 곡물	밀가루
사진의 빵 사이즈	길이 9cm×폭 9cm×높이 5cm 무게 60g
발효법 등	빵효모에 의한 발효.

✚
Europe
Finnish Bread

핀란드의 빵

" 추운 나라에서 탄생한
건강하고 친절한 맛의 빵을 만나다 "

한랭지인 핀란드에서는 고기나 생선 요리와 함께
하드 계열의 호밀빵, 삶은 감자 등이 빈번하게 식
탁에 등장합니다.

핀란드의 호밀빵은 언뜻 보면 색이나 형태가 강렬
한데 막상 먹어 보면 건강한 맛입니다. 산미가 더
해져 단맛이 있고, 씹을수록 감칠맛이 퍼집니다.
호밀가루나 전립분을 사용하기 때문에 식이 섬유
와 비타민, 미네랄 등의 영양소가 풍부하고, 칼로
리가 적은 것도 특징입니다. 이런 환경에 영향을
받아서인지 핀란드는 대장암 발생률이 적은 나라
로 알려져 있습니다.

큼직하지만 속이 꽉 차 있어 묵직한 루이스 림프
Ruis Limppu, 납작한 도넛 형태의 피아덴 링Fiaden
Ring, 새까맣고 광이 나며 매시트포테이토를 반죽
에 넣어 만든 페루나 림프Peruna Limppu 등 다른 나
라에서는 볼 수 없는 독특한 빵이 많습니다. 우유
를 넣은 쌀죽을 얇은 반죽으로 감싼 카르얄란 피라
카Karjalan Piirakka 등 처음 먹는 사람이라면 새로운
맛에 눈뜨게 될 것입니다.

핀란드의 전통적인 호밀빵

Ruis Limppu

루이스 림프

훈제 연어나 치즈를
올린 오픈 샌드위치를
추천한다.

data

타입	린 타입, 직접 굽기, 식사 빵
주요 곡물	호밀가루
사진의 빵 사이즈	길이 20㎝×폭 20㎝×높이 4.5㎝ 무게 715g
발효법 등	빵효모와 호밀 사워종으로 발효.

한랭지인 핀란드에서는 양질의 밀을 만드는 것이 어려워서 호밀빵이 주를 이룬다. 루이스Ruis는 '호밀'이라는 의미로, 루이스 림프 Ruis Limppu는 주원료인 호밀 전립분에 밀가루를 배합하여 구운 빵을 말하며, 핀란드에서는 예부터 일상적으로 즐겨 먹었다.

호밀 사워종을 쓰기 때문에 강한 산미의 독특한 맛이고, 먹었을 때 전립분이 입안에 알알이 퍼지는 것도 특징이다. 형태나 색깔 등은 가게에 따라 다양하다.

속이 촘촘하여 무게감이 있고, 꽉 찬 크럼은 씹을수록 호밀의 감칠맛이 퍼진다. 얇게 슬라이스하여 페이스트나 찜 요리 등, 맛이 진한 요리와 같이 먹으면 맛있다. 우유를 듬뿍 넣은 헤이즐넛 커피는 산미와 잘 어울린다.

시큼함과 달콤함의 조화

Happan Limppu
하판 림프

호밀 전립분이 들어가서
식이 섬유가 풍부하고
건강한 맛이 핀란드
빵의 특징이다. c

data

타입	린 타입, 직접 굽기, 식사 빵
주요 곡물	호밀가루
사진의 빵 사이즈	길이 23.5cm × 폭 10.5cm × 높이 2.5cm 무게 450g
발효법 등	빵효모와 호밀 사워종으로 발효.

핀란드의 빵은 형태에 따라 이름이 다르고 기본적으로 반달형을 림프Limppu라고 부른다. 하지만 실제로는 원형인데 림프라고 부르는 것도 많다.

하판Happan은 '산미'라는 의미로, 이름처럼 산미가 특징이지만 호밀빵에 익숙하지 않은 사람이라도 달콤하고 짭조름한 맛 때문에 비교적 먹기 수월하다. 겉은 딱딱하고 표면에 크게 금이 갈라져 있으며 호밀가루가 뿌려져 있고 속은 촉촉하다.

얇게 슬라이스해서 버터를 바르고 훈제 햄이나 기름진 고기, 리버 페이스트, 생선 중에서는 특히 청어나 오일 사르딘Oil Sardine(기름에 재운 정어리), 생굴 등과 같이 먹으면 맛있다. 미네스트로네Minestrone(파스타나 쌀을 넣어 만든 채소 수프)나 생선류의 수프 같은 깔끔한 요리와도 어울린다. 치즈와 햄, 채소로 샌드위치를 만드는 것도 추천한다.

당밀과 감자의 달달하고 부드러운 맛

Peruna Limppu

페루나 림프

양상추와 훈제 연어,
햄 등을 올려서 오픈
샌드위치로 만드는 것을
추천한다. ᴄ

data

타입	린 타입, 직접 굽기, 식사 빵
주요 곡물	호밀가루
사진의 빵 사이즈	길이 12㎝×폭 12㎝×높이 7㎝ 무게 330g
발효법 등	빵효모와 호밀 사워종으로 발효.

호밀 전립분이 주원료인 반죽에 감자를 갈아 넣은 전통적인 시골 빵이다. 핀란드 가정에서 흔히 접할 수 있다.

반들반들하고 시커먼 겉모습 때문에 인상이 강렬하다. 반들거리는 이유는 겉에 당밀이 발라져 있기 때문인데, 손에 닿으면 끈적끈적하다. 개중에는 당밀을 바르지 않은 타입도 있다. 쫀득한 식감으로 호밀가루가 주

원료임에도 불구하고 산미나 특유의 향이 덜하며 당밀과 감자가 부드럽고 달콤해서 먹기 수월하다. 일반적으로 반죽에 캐러웨이 시드를 섞은 것이 많고, 식이 섬유와 비타민이 풍부해서 영양가가 좋다.

그대로 먹어도 좋고 따뜻하게 데워서 먹어도 맛있으며 버터나 치즈와도 무척 잘 어울린다.

호밀을 강하게 느낄 수 있는 얇은 빵

Hapan Leipä
하판 레이파

먹기 좋은 크기로
나눈 다음, 위아래를
얇게 갈라서 주로 햄이나
치즈 같은 재료를 끼워
먹는다. **l**

호밀가루가 주원
료인 빵으로, 형태
는 얇고 넓적한 타원형
이다. 반달형이 되면 '하판 림프
Happan Limppu'라고 부른다. 표면에는 파이 롤러
등으로 작은 구멍을 내는 경우가 많다. 호밀빵 특
유의 산미와 풍미가 강해서 호불호가 갈리는 맛
이다. 가게에 따라 평평한 도넛 형태인 것도 있는
데, 이는 도넛 구멍에 막대기를 끼워서 보관했던
흔적이 그대로 전해 내려온 것이라고 한다.

data

타입	린 타입, 직접 굽기, 식사 빵
주요 곡물	호밀가루
사진의 빵 사이즈	길이 24cm×폭 24cm×높이 1cm 무게 320g
발효법 등	빵효모와 호밀 사워종으로 발효.

홈을 따라 쪼개 먹는 빵

Fiaden Ring
피아덴 링

폭 파인 홈을
따라 쪼개어 먹는다.
버터를 바르거나 좋아하는
재료를 토핑하여 먹는
것을 추천한다. **c**

얇은 도넛 형태로, 표면의 거칠거칠한 질감과 방
사 모양의 홈이 특징이다. 현지에서는 주식으로
자주 먹는 빵이다. 중앙의 구멍에 막대기를 끼워
서 진열하고 보존한다.
호밀 전립분이 주원료이며 입자가 거칠다. 호밀의
풍미가 강하고 속이 빽빽해서 씹는 재미가 있다.

data

타입	린 타입, 직접 굽기, 식사 빵
주요 곡물	호밀가루
사진의 빵 사이즈	길이 20cm×폭 20cm×높이 1cm 무게 300g
발효법 등	빵효모와 호밀 사워종으로 발효.

핀란드의 아침 식사로 친숙한 빵

Karjalan Piirakka
카르얄란 피라카

배합 예시

● 반죽
호밀가루 : 100%
식염 : 1.8%
물 : 67%

● 필링(리시푸로)
쌀 : 100%
식염 : 3%
우유 : 113%
물 : 188%

따뜻할 때 먹어야
맛있다. 식었으면 오븐
토스터로 살짝 데우는
것이 좋다. c

data

타입	린 타입, 팬에 굽기, 식사 빵
주요 곡물	호밀가루
사진의 빵 사이즈	길이 12cm×폭 5cm×높이 1.5cm 무게 60g
발효법 등	발효하지 않는다.

핀란드 동부의 카르얄란Karjalan 지방의 빵이다. 피라카Piirakka는 '감싸다'라는 의미로, 필링을 감싼 파이를 가리킨다. 가게에서 과자처럼 팔기도 하고 가정에서도 자주 만들어 먹는 빵으로, 핀란드 어디를 가도 맛볼 수 있다. 결혼식이나 기념식에서 일반 빵 대신 내놓기도 하며, 핀란드 사람에게는 빼놓을 수 없는 존재이다.

우유가 들어간 '리시푸로Riisipuuro'라는 쌀죽을 발효하지 않은 얇은 호밀가루 반죽으로 감싸서 증기에 굽는다. 속에 매시트포테이토를 넣기도 한다. 은근한 달콤함과 촉촉한 식감을 느낄 수 있다. 핀란드에서는 보통 무나보이Munavoi(버터와 잘게 다진 삶은 달걀을 섞은 것)라는 페이스트를 위에 얹어서 먹는다. 아침 식사로 먹거나 달콤한 것과 커피를 곁들여서 손님에게 대접하기도 한다.

England

🇬🇧
Europe

English
Bread
영국의 빵

'애프터눈 티'처럼
영국 문화에서 빵은
절대 빠질 수 없습니다.

옥수숫가루가 핵심
English Muffin
잉글리시 머핀

포크로 대충
쪼개 오븐 토스터로
따끈따끈하게 데워
먹으면 맛있다. **a**

data

타입	린 타입, 틀에 굽기, 식사 빵
주요 곡물	밀가루
사진의 빵	길이 9cm×폭 9cm×높이 3.3cm
사이즈	무게 65g
발효법 등	빵효모에 의한 발효.

전용 틀을 사용해서 굽는 영국의 전통적인
빵으로, 반죽에 물을 많이 넣는 점이 특징이
다. 먹기 전에 한 번 더 굽는 것을 전제로, 완
전히 익히지 않고 굽는다. 수분이 듬뿍 남아
있어서 쫄깃한 식감이 된다. 표면의 알갱이
는 옥수숫가루이다. 원래는 발효한 반죽이
팬에 들러붙지 않게 하기 위한 목적이었지만
고소한 향을 내는 역할도 한다.

잉글리시 머핀English Muffin은 미국의 머핀
과 구별하기 위한 이름으로, 영국에서 머핀
이라 하면 이 빵을 가리킨다.
위아래를 반으로 갈라서 오븐 토스터로 알맞
게 구운 다음, 단면에 버터를 담뿍 발라 스며
들게 하면 한층 더 맛있다. 치즈와 햄, 달걀
프라이 등을 끼우는 것도 추천한다.

단맛이 적은 깔끔한 맛

English Bread
영국식 식빵

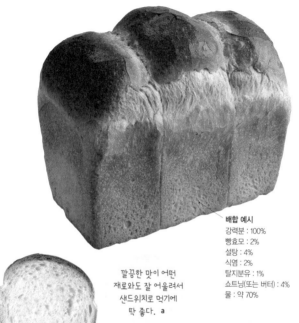

깔끔한 맛이 어떤
재료와도 잘 어울려서
샌드위치로 먹기에
딱 좋다. a

배합 예시
강력분 : 100%
빵효모 : 2%
설탕 : 4%
식염 : 2%
탈지분유 : 1%
쇼트닝(또는 버터) : 4%
물 : 약 70%

data

타입	린 타입, 틀에 굽기, 식사 빵
주요 곡물	밀가루
사진의 빵 사이즈	길이 18.5cm×폭 11.5cm×높이 16cm 무게 450g
발효법 등	빵효모에 의한 발효.

도톰하게 부풀어 오른 영국의 산형 식빵이다. 틀에 넣어서 뚜껑을 덮지 않고 굽기 때문에 윗부분이 산처럼 부풀어 오른다. 산봉우리의 수는 2~4개 정도로 다양하다. '틴 Tin'이라는 틀을 사용하므로 '틴 브레드Tin Bread'라고도 부른다.

콜럼버스가 아메리카 대륙을 발견한 시대에, 한 번에 많은 사람에게 나눠줄 수 있도록 들고 다니기 편하게 만들어진 빵이라고 한다. 영국식 식빵은 다른 식빵과 비교하면 입자가 거칠고 단맛이 적은 담백한 맛이 특징이다. 8장정도로 나뉘는 두께로 슬라이스하여 바삭하게 구워서 버터를 듬뿍 바르는 것이 영국식으로 먹는 방법이다. 또한 햄이나 채소 같은 재료를 끼워서 샌드위치를 만드는 등 무궁무진하게 응용할 수 있다.

영국의 티타임 대표 메뉴

Scone
스콘

알루미늄 포일로
감싸서 먹기 직전에
오븐 토스터로 데우면
한층 맛있다. **a**

data

타입	리치 타입, 팬에 굽기, 무발효
주요 곡물	밀가루
사진의 빵 사이즈	길이 6.5cm × 폭 6.5cm × 높이 5cm 무게 55g
발효법 등	베이킹파우더로 부풀린다.

본디 대중적인 비스킷의 한 종류로, 스코틀랜드에서 만들어졌다. 18세기 빅토리아 왕조 시대에 귀족들 사이에서 유행했고, 이후 영국의 문화인 '애프터눈 티'에 빠지지 않는 존재가 되었다. 영국 남서부의 데번Devon 주에 예부터 전해 내려온 클로티드 크림Clotted Cream(유지방률과 지방분이 많은 진한 크림)이나 잼을 발라서 먹는다. 스콘, 클로티드 크림, 잼, 홍차 세트를 '크림 티Cream Tea'라고 부르며, 이 또한 영국의 다과 관습 중 하나이다. 바깥 부분은 바삭하고 속은 촉촉한 점이 특징이다. 윗부분이 살짝 부풀고 측면에 금이 간 것이 맛있다. 반죽에 빵효모를 사용하지 않고 베이킹파우더로 부풀리기 때문에 집에서도 손쉽게 만들 수 있다.

Russia

집집마다 손맛이 느껴지는 빵

Pirozhki

피로시키

Russian Bread

러시아의 빵

피로시키나 검은 빵이
대표적입니다.
가정이나 축하 장소
등 여러 곳에
등장합니다.

갓 구운 빵은 조금
딱딱하지만 5분 정도 지나면
폭신폭신 부드러워진다.
식어도 식감은 거의
변하지 않는다. o

배합 예시
밀가루 : 100%
빵효모 : 3%
설탕 : 10%
식염 : 1.2%
버터 : 5%
전란 : 17%
우유 : 20%
물 : 20%

data

타입	린 타입, 팬에 굽거나 기름에 튀기기, 식사 빵(과자 빵)
주요 곡물	밀가루
사진의 빵 사이즈	길이 6.5cm×폭 8.5cm×높이 4cm 무게 84g
발효법 등	빵효모에 의한 발효

러시아 요리에서 빼놓을 수 없는 피로시키 Pirozhki. 빵 반죽에 고기나 채소 등의 재료를 넣고 감싼 것으로, 일본에서는 주로 튀겨 먹지만 본고장인 러시아에서는 굽는 방식이 더 대중적이다. 러시아에서는 빵이라기보다는 요리로 여긴다. 원래는 제철 재료나 집에 있는 재료를 속에 넣어 먹는 가정식으로, 크기와 형태가 집집마다 모두 다르다.

금방 튀기거나 구운 것이 훨씬 맛있고, 반죽은 대체로 부드러운 식감이다. 러시안 티와 보드카에 잘 어울린다. 러시아에서는 간식이나 가벼운 식사에는 물론이고, 파티처럼 격식 있는 자리에 전채 요리, 때로는 메인 요리로 나오기도 한다.

보르시에 곁들여 먹는 대표 메뉴

Rye Bread

검은빵

굽고 나서 24시간
정도 식힌 다음에
먹으면 좋다. o

data

타입	린 타입, 틀에 굽기, 식사 빵
주요 곡물	호밀가루
사진의 빵 사이즈	길이 17cm×폭 8.5cm×높이 11cm 무게 733g
발효법 등	빵효모와 호밀 사워종으로 발효.

거친 호밀가루에 밀가루와 메밀가루를 배합하여 구운 검은 빵이다. 틀에 넣어 굽는 원로프 형태가 많으며 독특한 산미와 무게감이 특징이다. 겉은 단단하고, 속은 입자가 촘촘해서 씹는 맛이 있다.

빵효모의 종 생성이나 발효, 소성(굽기)에 시간이 많이 걸리며 성형도 어렵다.

러시아에서는 주식으로 식탁에 오르고, 특히 보르시Borsch(소고기와 채소, 사워크림 등을 넣어 만든 러시아식 수프)를 먹을 때는 빼놓을 수 없다. 얇게 슬라이스해서 사워크림이나 버터를 바르고 캐비아, 또는 연어, 오일 사르딘 같은 짭조름한 음식을 얹어서 전채 요리로 먹기도 한다. 가볍게 구우면 크러스트가 바삭한 식감이 되어 또 다른 맛을 느낄 수 있다.

러시아는 검은 빵이 유명하지만 흰 빵도 일상적으로 흔히 먹는다.

Turkey

Near and Middle East

Turkish Bread
터키의 빵

하얗고 평평한 모양이거나
둥그런 모양의 빵이 많습니다.
현지에서는 프랑스빵처럼 막대
모양의 빵도 만나 볼 수 있습니다.

다양하게 응용할 수 있는 터키의 빵

Ekmek
에크멕

속이 텅 빈 포켓형으로,
반을 잘라서 속을 채워
먹어도 맛있다. h

data

타입	린 타입, 직접 굽기, 식사 빵
주요 곡물	밀가루
사진의 빵 사이즈	길이 19cm×폭 14cm×높이 9cm 무게 54g
발효법 등	빵효모에 의한 발효.

터키어로 에크멕Ekmek은 빵의 총칭이다. 프
랑스빵처럼 막대 모양의 빵이나 난처럼 평평
한 형태의 빵 등 다양한 빵을 에크멕이라고
부른다.

터키에서는 빵을 주식으로 먹는 경우가 많
고, 찜 요리나 수프, 샐러드 등 반찬과 함께
먹는다. 터키에서 빼놓을 수 없는 식재료인 가
지와 토마토를 퓌레로 만들어 고기에 뿌려서

빵에 끼워 먹기도 한다. 버터나 꿀과의 궁합도
좋고 간식으로 홍차와 함께 먹어도 맛있다.

사진의 에크멕은 갓 구워서 크게 부풀어 있
지만 시간이 지나면 조금씩 줄어든다. 겉에
뿌려진 참깨와 그을린 부분이 고소한 단순한
맛이다. 빵을 찢어서 요리와 함께 먹는다. 터
키 요리점마다 각각의 다양한 에크멕이 있기
때문에 비교해서 먹는 것도 재미있다.

쫀득한 식감의 터키식 피자

Pide
피데

표면에 참깨가
뿌려진 타입.
쫀득쫀득하고 고소해서
맛있다. h

재료를 얹어서
굽는 피데

주로 터키 동부에서 흔히 먹는 터키식 피자이다. 이탈리아 피자의 원형이라고도 한다. 아무것도 올리지 않은 원형도 있고, 작은 배 모양의 피데Pide를 늘려서 치즈와 각종 재료를 얹는 등 가게에 따라 형태가 다르다. 재료는 시금치, 피망, 토마토, 다진 쇠고기, 치즈 등 천차만별이다.

data

타입	린 타입, 직접 굽기, 식사 빵
주요 곡물	밀가루
사진의 빵	길이 15cm×폭 14.5cm×높이 1.5cm
사이즈	무게 83g
발효법 등	빵효모에 의한 발효.

카레와 어울리는 얇게 구운 빵

Lavash
라바시

속이 비어 있어
갓 구운 빵은 살짝
부풀어 오른다. h

중동의 시작이라고 할 수 있는 터키의 평평한 빵으로, 노릇하게 구워진 얇은 반죽이 특징이다.
요리와 함께 찢어서 먹거나 고기를 넣어 샌드위치로 만들기도 한다. 카레나 치즈, 케밥 같은 맛이 진한 요리와 잘 어울린다.

data

타입	린 타입, 직접 굽기, 식사 빵
주요 곡물	밀가루
사진의 빵	길이 20cm×폭 20cm×높이 6cm
사이즈	무게 78g
발효법 등	빵효모에 의한 발효.

Near and
Middle East

고기와 채소를 끼워서 샌드위치로 먹는

Schime(Pita)
샤미(피타)

배합 예시
밀가루 : 100%
빵효모 : 1%
설탕 : 0.5%
식염 : 1%
물 : 55%

Near and Middle East's Bread
중동의 빵

중동은 빵의 고향으로 불리는 지역으로
많은 사람이 플랫 브레드Flatbread
(납작한 빵)를 즐겨 먹습니다.

수프나 콩으로 만든
카레에 곁들이기도 하고
꿀과 잼을 발라서
간식으로 먹기도 한다. ㅡ

data

타입	린 타입, 직접 굽기, 식사 빵
주요 곡물	밀가루
사진의 빵 사이즈	길이 20cm×폭 20cm×높이 0.5cm 무게 90g
발효법	빵효모로 발효시키는 경우가 많지만 발효를 하지 않기도 한다.

이집트와 시리아에서는 샤미Schime, 미국과
캐나다에서는 피타Pita라는 이름이 일반적이
다. 일본에서는 '피타 빵'이라고 불리며, 보통
속에 재료를 넣어 먹는다. 고온에서 단시간
구워 속에 주머니처럼 빈 공간이 생기기 때
문에 '포켓 브레드Pocket Bread'라고도 불린
다. 빈 공간 없이 하얀 원형에 폭신폭신하고
부드러운 식감인 것도 있다.
반을 잘라서 샌드위치처럼 다양한 재료로 속

을 채워 가볍게 끼니를 해결할 수 있으며, 손
에 묻히지 않고 간편하게 먹을 수 있어서 좋
다. 깔끔하고 심플하며 특유의 향이 없기 때
문에 미국, 중국, 일본 등에서 폭넓게 사랑받
는 빵이다. 또한 표면이 바삭해질 때까지 구
워도 맛있다. 보통 그대로 찢어서 요리와 함
께 먹지만 재료를 얹어서 피자처럼 구워 먹
기도 한다.

America

🇺🇸
America

North American Bread
미국의 빵

원주민과 이민자들,
각국의 문화가 혼합된
미국에서는 빵의 종류도
수만 가지입니다.

건강하면서도 포만감은 확실한 빵

Bagel
베이글

배합 예시
강력분 : 50%
고단백가루 : 50%
빵효모 : 4%
설탕 : 3%
식염 : 2%
몰트 시럽 : 0.3%
쇼트닝 : 3%
물 : 52%

오븐 토스터로 따뜻하게
데우는 것을 추천한다.
훨씬 부드럽고
고소해진다. c

data

타입	린 타입, 열탕 처리, 팬에 굽기, 식사 빵
주요 곡물	밀가루
사진의 빵 사이즈	길이 9.5cm×폭 9.5cm×높이 2cm 무게 70g
발효법 등	빵효모에 의한 발효.

일찍이 유대인이 일요일 아침 식사로 먹던 빵으로, 유대인이 미국에 건너와 퍼지게 되어 오늘날 뉴욕에서 유명한 빵이다.

부풀어 오른 도넛 형태는 길쭉한 반죽의 끝을 이어 붙여서 링 모양으로 성형하여 만든다. 반죽을 뜨거운 물에 넣었다가 바로 빼내서 굽기 때문에 쫀득한 식감과 표면의 광택이 형성된다. 입자가 촘촘하여 속이 꽉 차 있고 특유의 쫄깃한 식감이 있으며 저지방, 저칼로리이다.

인기가 많아서 베이글 전문점이 있을 정도이다. 폭신한 베이글, 반죽에 견과류나 과일을 넣어 구운 베이글 등 다양한 형태로 즐길 수 있다.

플레인으로 먹는 것은 물론, 반으로 잘라서 재료를 넣어 샌드위치처럼 먹어도 맛있다.

햄버거로 익숙한 폭신폭신한 빵

Bun
번

data

타입	리치 타입, 팬에 굽기, 식사 빵
주요 곡물	밀가루
사진의 빵 사이즈	길이 7㎝×폭 7㎝×높이 2㎝ 무게 40g
발효법 등	빵효모에 의한 발효.

반을 갈라서 살짝
구운 다음, 햄버거로
만들면 더욱 고소하고
담백해진다. c

핫도그 번
Hot Dog Bun

영미권 나라에서는 작은 원형이나 길쭉한 롤 빵을 모두 '번Bun'이라고 부르며, 일본에서는 '번즈Buns'라고 복수형으로 부른다. 폭신하고 부드러운 단맛이 있고 특유의 향이 없어서 고기나 채소의 맛을 해치지 않는다.

원형 빵은 보통 햄버거 번으로 쓰인다. 위아래를 반으로 잘라서 소고기 패티와 채소 등의 재료를 끼운다. 자른 윗부분은 크라운 Crown, 아랫부분은 힐Hill이라고 부른다. 길쭉한 것은 핫도그 번이라고 부르며 반을 갈라서 소시지 등을 끼운다.

햄버거, 핫도그와 함께 미국을 대표하는 패스트푸드이다. 가게마다 번과 재료가 천차만별이며 새로운 상품이 계속 개발되고 있다.

산뜻한 사워종의 산미

San Francisco Sour Bread

샌프란시스코 사워 브레드

'샌프란시스코 사워 프렌치'라고도 불린다. 산미가 생선 요리와 잘 어울린다. c

data

타입	린 타입, 직접 굽기, 식사 빵
주요 곡물	밀가루
사진의 빵	길이 20cm×폭 7cm×높이 6cm
사이즈	무게 230g
발효법 등	샌프란시스코 사워종에 의한 발효.

이름대로 샌프란시스코에서 탄생한 산미 빵이다. 언뜻 바게트나 바타르 같은 프랑스빵과 비슷하지만 먹으면 산미와 독특한 풍미가 입안 가득 퍼진다. 이 풍미는 샌프란시스코 고유의 사워종 때문에 생겨난다.

1849년 캘리포니아 주에서 시작된 골드러시 Gold Rush로 당시 금광을 채굴하던 사람들이 먹던 빵에서 유래되었으며 지금은 샌프란시스코의 명물로 자리매김했다. 샌프란시스코의 관광지 피셔맨스워프Fisherman's Wharf에서는 속을 파내어 클램 차우더Clam Chowder를 넣은 '클램 차우더 브레드 볼Clam Chowder Bread Bowl'이 큰 인기를 끌고 있다.

식감은 프랑스빵과 비슷하며 겉이 단단하다. 빵 속은 촉촉하고 쫄깃하다.

컵 틀에 구운 달콤한 베이커리 과자

Muffin

머핀

금방 구운 것이
맛있다. 식었다면
오븐 토스터로 데워서
먹어 보자. c

data

타입	리치 타입, 과자
주요 곡물	밀가루
사진의 빵 사이즈	길이 7㎝×폭 7㎝×높이 7.5㎝ 무게 80g
발효법 등	베이킹파우더로 부풀린다.

빵효모를 사용하지 않으며, 빵집에서 거의 항상 만날 수 있는 빵이다. 설탕과 달걀을 배합한 반죽을 컵 틀에 넣어 굽는다. 폭신폭신하고 부드러우며 유지분은 적기 때문에 조금 퍼석한 식감이다. 일본에서 볼 수 있는 달콤한 과자의 원조라고 일컬어진다. 달달한 머핀이 일반적이며 아무것도 넣지 않은 플레인 외에 과일이나 견과류, 초코 칩을 넣은 머핀 등 종류가 다양하다. 짭조름한 타입도 있다. 베이킹파우더를 섞어서 굽기 때문에 집에서도 쉽게 만들 수 있다.

아침 식사나 간식으로 먹는 경우가 많고, 커피와 홍차에 잘 어울린다. 달달한 머핀을 오븐 토스터로 데워서 버터를 발라 먹으면 또 다른 맛을 즐길 수 있다.

튀김 과자의 대표 주자

Doughnut
도넛

data

타입	리치 타입, 튀김 과자 빵
주요 곡물	밀가루
사진의 빵 사이즈	길이 8cm×폭 8cm×높이 2cm 무게 45g
발효법 등	빵효모를 사용한 이스트 도넛과 베이킹파우더 등의 발효원을 사용한 케이크 도넛이 있다.

갓 튀긴 도넛이 가장 맛있다. 기름이 질척이지 않을 때 먹으면 좋다. c

케이크 도넛
Cake Doughnut

도넛의 원조는 튀긴 반죽 위에 호두를 올린 네덜란드의 '올리볼Oliebol'이라는 튀김 과자이다. 도우Dough(반죽) 위에 견과류Nut를 올려서 '도넛Doughnut'이 되었다고 한다.

설탕, 달걀, 유제품 등을 배합한 반죽을 링 모양으로 성형하여 기름에 튀긴다. 링 모양의 형태는 빵이 균일하게 잘 익을 수 있도록 미국에서 고안한 것이라고 한다. 갓 구운 도넛의 겉은 바삭하고 속은 폭신폭신 보드랍다. 사진 중앙은 아이싱으로 코팅한 글레이즈 도넛Glazed Doughnut이다. 왼쪽 아래 사진은 무발효 케이크 도넛Cake Doughnut이다. 가게마다 여러 가지 종류가 있으며, 구멍이 없는 도넛 안에 잼을 넣거나 꽈배기 모양으로 만드는 등 형태가 다양하다.

시나몬 향과 달달함의 조화

Cinnamon Roll
시나몬 롤

폭신하고 보드라울 때
먹으면 좋다. 설탕이
살짝 녹을 정도로만
데우면 말랑말랑해서
맛있다. c

data

타입	리치 타입, 팬에 굽기, 과자 빵
주요 곡물	밀가루
사진의 빵 사이즈	길이 8cm×폭 8cm×높이 3cm 무게 45g
발효법 등	빵효모에 의한 발효.

스웨덴에서 처음 만들어진 이 빵은 시나몬 롤의 날(10월 4일)이 생겼을 정도로 스웨덴 사람들의 사랑을 독차지하고 있다. 요즘은 빵집이나 패스트푸드점, 카페까지 어디에서나 만날 수 있다. 미국의 시나몬 롤은 일본보다 사이즈가 훨씬 크고 달콤한 편이며, 아침 식사나 간식으로 즐겨 먹는 빵이다.

직사각형으로 늘인 반죽에 설탕과 시나몬을 넣어 소용돌이 모양으로 굽고, 표면에 아이싱을 잔뜩 올리는 것이 일반적이다. 크림치즈 풍미의 아이싱을 올릴 때도 있다.

바삭한 식감과 시나몬 향의 달콤함이 향긋하게 퍼진다. 시간이 지나면 설탕이 녹아서 끈적해지기 때문에 되도록 빨리 먹는 것을 추천한다. 단맛이 강하므로 블랙커피나 홍차와 함께 먹으면 잘 어울린다.

단순하지만 자유자재로 변신하는 빵

White Bread
화이트 브레드

토스터에 구워서
버터와 메이플 시럽을
잔뜩 발라 먹어도
맛있다. C

data

타입	린 타입, 틀에 굽기, 식사 빵
주요 곡물	밀가루
사진의 빵 사이즈	길이 17.5cm×폭 8cm×높이 8cm 무게 350g
발효법 등	빵효모에 의한 발효.

틀에 뚜껑을 덮고 굽는 정통
적인 각형 식빵으로, 흔히 먹는 식빵의 원형
이라고 할 수 있다. 미국에서는 보통 원로프
형태로 굽는다.
토스트부터 샌드위치와 핫 샌드위치까지 폭
넓게 응용할 수 있다. 단순한 맛이기 때문에
맛이 강한 재료와 함께 먹는 것을 추천한다.

전립분 빛깔의 소박한 맛

Whole Wheat Bread
홀 웨트 브레드(통밀빵)

미국에서는 주로
I파운드 중량으로
판매한다. C

통밀Whole Wheat이란 '전립분'을 말하며,
일반적으로 밀 전립분을 100% 사용해서 구운 것
을 통밀빵이라고 한다. 보리 껍질이나 배아가 다
량 함유되어 영양가가 높은 것으로 알려져 있으
며, 미국에서는 소비가 늘고 있다. 살짝 구워서 베
이컨을 끼워 먹으면 맛있다. 구워서 꿀을 뿌려 먹
으면 빵의 향기와 달콤함이 배가 된다.

data

타입	린 타입, 틀에 굽기, 식사 빵
주요 곡물	밀가루
사진의 빵 사이즈	길이 22cm×폭 9cm×높이 8cm 무게 280g
발효법 등	빵효모에 의한 발효.

Brazil

쫀득쫀득한 식감과 치즈가 식욕을 돋우는 빵

Pão de Queijo

팡 지 케이주

America
South American Bread

남미의 빵

온난한 기후라서 밀과 옥수수,
카사바 등이 풍부하게 재배됩니다.
빵에도 자연의 맛이 그대로 살아 있지요.

따뜻하게 데울 때는
알루미늄 포일을 씌워서
오븐 토스터에 넣는다.
전자레인지에 넣으면
쭈글쭈글해지므로
주의한다. **g**

data

타입	린 타입, 무발효 빵, 팬에 굽기, 식사 빵
주요 곡물	타피오카 가루
사진의 빵 사이즈	길이 5.5cm×폭 5cm×높이 4cm 무게 50g
발효법 등	발효하지 않는다.

브라질 남부의 미나스 제라이스Minas Gerais
주에서 만들어졌고, 팡Pão은 '빵', 케이주
Queijo는 '치즈'를 의미한다. 빵으로 불리지
만 빵효모는 사용하지 않는다. 표면은 단단
한 느낌이고 한입 깨물면 쫄깃한 식감과 함
께 치즈의 풍미가 물씬 풍긴다. 반죽에 탄력
이 있는 이유는 타피오카 가루(카사바 전분)
때문이다. 달걀과 치즈가 들어간 반죽을 탁
구공 크기로 성형하고 발효시키지 않은 채

굽는 것도 특징 중 하나이다.
치즈의 풍미와 짭조름한 맛이 여운을 준다.
브라질에서는 레스토랑과 카페의 대표 메뉴
이며, 식전 술안주로 먹거나 커피와 함께 먹
기도 한다. 집에서도 쉽게 만드는 빵으로, 집
집마다 맛이 다르고 베이컨이나 햄이 들어가
기도 한다. 일본에서는 먹기 편해서 인기가
많으며 편의점에서도 구입할 수 있다.

멕시코 요리 중 타코로 유명한 빵

Tortilla
토르티야

Mexico

스페인 음식인 토르티야
에스파뇰라Tortilla Espanola의
오믈렛 모양과 닮았다고 하여
'토르티야'로 불리게 되었다.
'토티야'라고 부르기도 한다. ₽

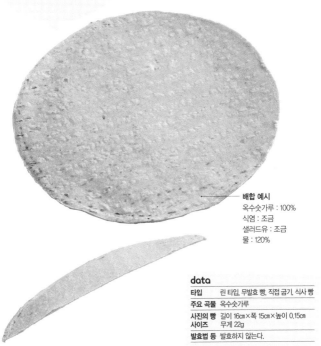

배합 예시
옥수숫가루 : 100%
식염 : 조금
샐러드유 : 조금
물 : 120%

data

타입	린 타입, 무발효 빵, 직접 굽기, 식사 빵
주요 곡물	옥수숫가루
사진의 빵 사이즈	길이 16cm×폭 15cm×높이 0.15cm 무게 22g
발효법 등	발효하지 않는다.

멕시코에서는 옥수수 재배가 활발한 덕에 옥수수를 주원료로 만든 토르티야Tortilla가 주식이 되었다. 스페인 사람이 유입되기 전부터 즐겨 먹던 전통 있는 무발효 빵으로, 멕시코뿐만 아니라 미국 남서부에서도 일상적으로 먹는다.

주로 옥수숫가루의 반죽을 얇게 밀어서 굽지만 밀가루를 섞거나 밀가루로만 만드는('밀가루 토르티야'라고 부른다) 경우도 있다. 가열하여 건조시킨 가루를 사용하는 것이 특징이다. 금방 구운 것이 맛있으며, 식사에 곁들이거나 재료를 넣고 말아서 먹기도 한다.

고기와 채소, 칠리소스를 사이에 끼워서 먹는 타코Taco와 잘라서 기름에 튀긴 칩Chip이 유명하다.

India

쫄깃한 식감을 카레와 함께

Naan
난

🇮🇳
Asia

Indian Bread
인도의 빵

인도의 빵은 굽는 방법이 다양합니다.
카레 같은 강렬한 인도 요리에
빵이 없으면 서운하겠지요?

따끈따끈할 때
먹어야 맛있다. 오븐
토스터로 따뜻하게
데워도 좋다. m

배합 예시
밀가루 : 100%
빵효모 : 2%
설탕 : 1%
식염 : 2%
쇼트닝 : 6%
요구르트 : 25%
물 : 35%

data

타입	린 타입, 직접 굽기, 식사 빵
주요 곡물	밀가루
사진의 빵 사이즈	길이 37㎝×폭 20㎝×높이 3㎝ 무게 154g
발효법 등	빵효모에 의한 발효, 베이킹파우더 를 사용해서 부풀리기도 한다.

난Naan은 카레Curry와 함께 먹는 음식으로 잘 알려져 있다. 인도, 파키스탄, 아프가니스탄, 이란 등에서 주로 먹는 빵이다. 일본의 난은 큰 나뭇잎 형태이지만, 페르시아 문화권에서는 난이 빵 자체를 가리키는 명칭이며 각 지방마다 종류가 다양하다.

밀가루 반죽을 항아리처럼 생긴 탄두르 Tandoor(화덕) 내부에 붙여서 굽는다. 인도에서는 가정집에 탄두르가 구비된 경우도 있지만, 대부분 가게나 식당에서 사 먹는 편이다. 전체적으로 쫄깃하고 은근한 단맛이 있으며 노릇하게 구워진 부분은 바삭한 식감이다. 특히 향이 진한 카레와 궁합이 좋고, 인도의 요구르트 드링크인 라씨Lassi를 곁들여도 맛있다.

전립분의 고소한 맛이 특징인 인도의 주식

Chapati
차파티

금방 구운 것이
맛있어서 식사 때마다
그 자리에서 만들어 먹는다.
톡톡 올라오는 기포와 그을린
자국이 생겼다면 맛있게
구워졌다는 표시이다. **m**

배합 예시
밀 전립분 : 100%
물 : 65~75%

data

타입	린 타입, 무발효 빵, 직접 굽기 식사 빵
주요 곡물	밀가루
사진의 빵	길이 15cm×폭 15cm×높이 0.3cm
사이즈	무게 46g
발효법 등	발효하지 않는다.

우리의 쌀밥처럼 차파티는 인도
인의 주식이며, 집에서 직접 구워 먹는
빵이다. 주로 인도, 파키스탄, 방글라데시, 네팔에
서 먹는다. 아타Atta라고 불리는 밀 전립분에 물을
넣은 무발효 반죽을 납작하게 밀어서 팬에 굽는다.
카레나 찜 요리를 먹을 때 찢어서 함께 먹는다.

카레를 부드럽게 하는 기름의 감칠맛

Bathura
바투라

배합 예시
난과 동일하다.

갓 튀긴 빵이 가장
맛있다. 식히고 나서
시간이 지나면 기름이
올라오므로 오븐 토스터에
다시 데우면 좋다. **m**

난의 반죽을 둥글게 늘려서 기름에
튀긴 인도 북부 지방의 전통적인 튀긴 빵
이다. 금방 튀긴 것은 표면이 바삭하고 한입 깨물
면 유분이 주르르 녹아내린다. 대체로 카레와 잘
어울리지만 차나 마살라Chana Masala(병아리콩 카
레)와 특히 궁합이 좋아서 세트로 판매하는 식당이
많다. 향신료 향이 진하게 풍기는 달콤한 차, 마살
라 차이Masala Chai와도 잘 맞는다.

data

타입	린 타입, 튀긴 빵, 식사 빵
주요 곡물	밀가루
사진의 빵	길이 17.5cm×폭 17cm×높이 2cm
사이즈	무게 88g
발효법 등	난과 동일하다.

China

백설기처럼 폭신폭신한 찐빵

饅頭
만터우

Asia

Chinese Bread
중국의 빵

중국에서 기본적인 빵은
따끈한 하얀 찐빵입니다.
진한 중화요리에
곁들이면 딱이지요.

뜨거운 김에
갓 찐 것이 가장
부드럽고 맛있다. 시간이
지나면 표면이 말라서
딱딱해진다. j

data

타입	린 타입, 찐빵, 식사 빵
주요 곡물	밀가루
사진의 빵 사이즈	길이 7.5cm×폭 5.5cm×높이 4cm 무게 50g
발효법 등	빵효모에 의한 발효. 중국에서는 노면老麵(반죽을 만들 때마다 조금씩 남겨 둔 원종)을 사용한다.

중국의 남부에서는 쌀이 주식이지만 북부에서는 밀가루를 사용한 면류나 떡, 만터우饅頭가 주식이다. 일찍이 '면'이라 하면 밀가루를 가리켰을 정도로 중국의 식사에 밀가루는 중요한 식재료이다.

중국의 빵은 찐 종류가 대부분이다. 만터우는 찐빵처럼 폭신폭신하게 찐 빵이지만 속에는 아무것도 넣지 않는다. 같은 반죽이어도 형태에 따라 이름이 다른데, 표면이 매끈하고 동그란 형태는 '만터우饅頭', 꽃잎 모양은 '화쥐안花卷'이라고 부른다.

밀가루, 빵효모, 물이 주재료이며 담백한 맛은 진한 맛의 중화요리와 잘 어울린다. 우리의 쌀밥과 같은 존재로, 반찬이나 수프와 함께 식탁에 오르며 지방에 따라서는 간식으로도 즐겨 먹는다. 반으로 갈라서 돼지고기 고명인 매콤한 차슈를 끼워서 먹어도 맛있다.

부드러운 반죽과 속을 맛보다

中華饅頭
중화만두

식은 것은 찜통이나
전자레인지로
데워서 먹어 보자.

중국에서는 만터우
의 반죽에 속을 채운
것을 '바오즈包子'라고
하며, 아무것도 넣지 않은
만터우와 구분해서 표현한다. 중화만
두도 바오즈에 분류되며, 고기나 채소, 단팥 등 속
재료는 얼마든지 다양하다. 일본에서는 지역에 따
라 '니쿠만肉まん(고기만두)', 혹은 '부타만豚まん(돼지
고기 만두)'이라고 부른다. 금방 쪄서 따끈따끈할 때
먹는 것이 가장 맛있다.

data

타입	린 타입, 찐빵, 식사 빵
주요 곡물	밀가루
사진의 빵	길이 10cm×폭 9.5cm×높이 4cm
사이즈	무게 108g
발효법 등	만터우와 동일하다.

만터우에 꽃이 피다

花卷
화쥐안

먹는 방법과 맛은
기본적으로 만터우와 동일하다.
방금 쪄서 따끈따끈한
것이 가장 맛있다. j

만터우에서 형태가 변형된 것이다. 꽃잎이나
소용돌이 형태이며, '꽃빵'이라고도 부른다.
반죽에 대추, 건포도, 호두, 잣, 지마장芝麻醬
(참깨 소스) 등이 더해지기도 하며 응용은 얼
마든지 가능하다. 사진은 반죽에 파를 넣고
만든 것이다.

data

타입	린 타입, 찐빵, 식사 빵
주요 곡물	밀가루
사진의 빵	길이 8cm×폭 7.5cm×높이 4cm
사이즈	무게 60g
발효법 등	만터우와 동일하다.

Japan

Asia
Japanese
Bread
일본의 빵

" 해외의 식문화를
일본 입맛에 맞게 변형하다 "

일본의 빵은 프랑스나 독일의 빵처럼 하드 계열이 아니라, 폭신하고 부드러운 종류가 많습니다. 특히 편의점과 슈퍼에서 파는 빵은 반죽에 중종법(122쪽 참조)을 이용한 것이 많은데, 촉촉하고 결이 촘촘하며 은근히 풍기는 발효종의 향이 특징입니다.

일본 빵 중에 대표적인 것 하나가 단팥빵입니다. 빵이 흔치 않았던 메이지 시대에 현 기무라야소혼텐木村屋総本店 본점의 창업자는 일본인의 입맛에 맞는 빵을 연구했습니다. 그렇게 개발한 빵이 바로 단팥빵입니다. 오랜 연구 끝에 결국 빵은 하나의 간식으로 자리매김하게 되었고, 같은 반죽으로 잼빵과 코로네(소라빵), 메론빵, 크림빵 등 많은 과자빵이 개발되었습니다. 나중에는 카레빵처럼 조리 식품을 가공한 조리 빵도 만들어졌고 그 종류는 무궁무진합니다. 또한 영국과 미국의 빵이 변형되어 탄생한 식빵은 쌀밥 대신 먹는 빵이라고 하여 '식食빵'이라고 이름 붙여졌습니다.

수많은 빵집이 있지만 일본에서 소비되는 빵의 70~80%는 대기업 브랜드에서 만들어지고 편의점과 슈퍼에서 대량으로 판매되며, 각 회사마다 신상품 개발에 나날이 힘을 쏟고 있습니다. 또한 직접 빵을 만드는 리테일 베이커리Retail Bakery(168쪽 참조)에서는 프랑스나 독일 등 해외 빵의 인기가 높아지고 있습니다.

오늘날 일본에서의 빵은 식사에서 중요한 존재이며, 나아가 세계의 다양한 빵을 맛볼 수 있습니다.

일본에서 가장 흔한 식빵

角食パン

각형 식빵

배합 예시
강력분 : 100%
빵효모 : 2%
설탕 : 6%
식염 : 2%
탈지분유 : 1%
쇼트닝 : 4%
물 : 68%

구운 지 2~3시간 후에 잔열이 식고 반죽이 진정되었을 때 먹는 것이 좋다. **d**

data

타입	린 타입, 틀에 굽기, 식사 빵
주요 곡물	밀가루
사진의 빵 사이즈	길이 12㎝×폭 12㎝×높이 12㎝ 무게 390g
발효법 등	빵효모에 의한 발효.

일본에서 식빵은 주식으로 먹는 식사 빵을 가리킨다. 주로 틀에 뚜껑을 덮어 사각형으로 굽기 때문에 '식빵'이라는 이름으로 불리게 되었다. 미국의 객차 제조 회사인 풀먼 Pullman의 열차와 닮았다고 하여 '풀먼 식빵'이라고 부르기도 한다. 뚜껑을 덮지 않고 구운 빵은 '산형 식빵'이라고 부른다.

부드럽고 입자가 고운 속살은 입에서 사르르 녹으며 짠맛과 단맛이 은근하게 느껴진다. 빵의 귀퉁이 부분인 크러스트는 일정하게 얇고 부러우며, 속은 윤기가 흐르는 밝은색에 막이 얇아야 한다. 전체적으로 적당한 탄력성이 있어야 잘 만든 식빵이라고 할 수 있다. 일본에서는 약 450g 정도를 한 근이라고 하며, 표준적인 각형 식빵 한 봉지는 보통 세 근 정도의 무게이다.

일본의 학교 급식 대표 메뉴

コッペパン

쿠페빵

data

타입	린 타입, 팬에 굽기, 식사 빵
주요 곡물	밀가루
사진의 빵 사이즈	길이 12.5㎝×폭 7㎝×높이 4㎝ 무게 45g
발효법 등	각형 식빵용 반죽을 사용하는 경우가 많다.

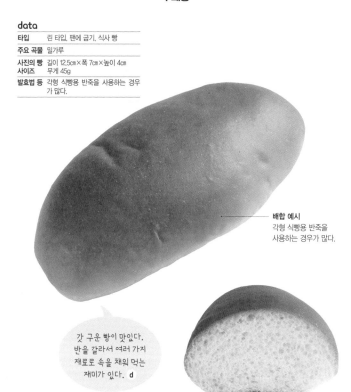

배합 예시
각형 식빵용 반죽을
사용하는 경우가 많다.

갓 구운 빵이 맛있다.
반을 갈라서 여러 가지
재료로 속을 채워 먹는
재미가 있다. **d**

쿠페라는 이름은 프랑스빵인 쿠페Coupe(49쪽 참조)에서 유래되었다. 옛날에는 식빵처럼 대형 빵이 주류였지만 1935년에 학교 급식용으로 한 끼분의 빵이 만들어지면서 널리 보급되었다. 급식에는 반찬이나 우유와 함께 등장했고 잼이 곁들여지거나 튀긴 빵으로 가공되기도 했다.

식빵과 동일한 반죽을 사용하지만 틀에 넣지 않고 굽기 때문에 껍질이 얇으며 부드러운 식감이어서 아무것도 뿌리지 않고 먹어도 맛있다.

야키소바(일본식 볶음국수)나 크로켓, 포테이토 샐러드 등을 속에 넣은 것도 인기 만점이다. 광이 나는 다갈색으로 길쭉한 반달형이다. 단맛이 은은하고 소박해서 곁들이는 요리나 재료의 맛을 방해하지 않는다. 보통 오래된 빵집에서 많이 판다.

카레를 좋아한다면 놓칠 수 없다

カレーパン

카레빵

data

타입	리치 타입, 튀긴 빵, 식사 빵
주요 곡물	밀가루
사진의 빵 사이즈	길이 13.8㎝×폭 7㎝×높이 4.7㎝ 무게 93g
발효법 등	각형 식빵용 반죽을 사용하는 경우 가 많다.

갓 튀긴 빵은 표면의
빵가루가 바삭바삭하다.
시간이 지난 것은 오븐
토스터로 따뜻하게
데우면 좋다. **d**

배합 예시
식빵과 유사한
반죽이 사용된다.

1927년 도쿄의 메이카도우名花堂(현 카토레아 Cattlea)라는 빵집에서 카레를 넣은 '서양 식빵'을 개발한 것이 출발점이라고 한다. 이후 많은 가게와 기업에서 앞다투어 개발한 결과 일본을 대표하는 조리 빵이 되었다.

조금 되직하게 만든 카레 필링을 반죽으로 감싸고 타원형이나 원형으로 성형하여 표면에 빵가루를 묻힌 다음 기름에 튀긴다. 빵가루는 돈가스에서 착안하여 묻힌 것이라고 한

다. 주로 튀기지만 구운 것도 인기가 많고, 매운맛 카레를 넣기도 하며 속에 들어가는 재료는 천차만별이다. 카레 이외의 재료를 넣은 튀긴 빵도 반응이 좋다.

바삭한 식감을 즐기려면 갓 튀겼을 때가 가장 맛있다. 나이를 불문하고 모든 연령대에게 사랑받는 빵으로, 가벼운 식사나 간식에 제격이다. 또 매운맛 카레빵은 맥주와도 잘 어울린다.

일본인의 소울 푸드
あんパン
단팥빵

포피 시드(왼쪽), 벚꽃(오른쪽),
오구라小倉*(아래) 주종 단팥빵

단팥이 가득 차 있다.
간식이나 아침 식사로
차, 또는 우유와 함께
즐겨 보자. d

배합 예시

강력분 : 100%
빵효모 : 3.5%
설탕 : 25%
식염 : 0.8%
탈지분유 : 2%
마가린 : 10%
전란 : 10%
물 : 52%

data

타입	리치 타입, 팬에 굽기, 과자 빵
주요 곡물	밀가루
사진의 빵 사이즈	길이 7cm×폭 7cm×높이 3.5cm 무게 49g
발효법 등	빵효모에 의한 발효. 주종으로 발효시킨 주종 단팥빵도 유명하다.

1869년에 도쿄 긴자의 기무라야木村屋(당시에는 분에이도文英堂, 현재는 기무라야소혼텐木村屋總本店)는 일본인 입맛에 맞는 빵을 만들겠다는 마음으로 5년에 걸친 연구 끝에 주종 단팥빵을 개발했다. 소금에 절인 벚꽃 잎을 곁들여서 메이지 일왕에게 바쳤던 벚꽃 단팥빵은 지금도 기무라야의 인기 상품 중 하나이다. 오늘날 판매되는 단팥빵은 주로 빵효모가

발효원이지만 본래는 주종을 사용한다.

당분이 많이 포함된 부드러운 반죽과 촉촉한 단팥의 밸런스가 절묘하다. 단팥은 입자가 곱거나 알갱이가 씹히는 것이 일반적이지만 다른 재료와 섞기도 하며, 튀긴 단팥빵이나 프랑스 단팥빵, 또는 위에 토핑을 얹은 단팥빵 등 다양한 형태로 응용할 수 있다. 아이부터 노년층까지 폭넓게 사랑받는 빵이다.

*오구라 : 팥을 삶아서 곱게 거른 것과 꿀에 절인 팥고물을 섞은 팥소.

달콤한 크림이 듬뿍

コロネ
코로네(소라빵)

━ 배합 예시
단팥빵과 동일하다.

빵과 초코 크림이
마르기 전에, 곧자마자
먹는 것이 좋다. d

땅콩 크림이
들어간 코로네

data

타입	리치 타입, 팬에 굽기, 과자 빵
주요 곡물	밀가루
사진의 빵 사이즈	길이 16㎝×폭 6㎝×높이 5㎝ 무게 83g
발효법 등	단팥빵과 동일하다.

소라 뿔 모양의 빵에 크림을 넣은 과자 빵이다. 코로네(또는 코르네)는 Corne(프랑스어로 뿔이라는 뜻) 또는 '코르넷Cornet'이라는 관악기와 형태가 닮았다고 하여 지어진 이름이다. 우리나라에서는 주로 소라빵으로 불린다.
길쭉하게 늘인 반죽을 원추형 코로네 틀에 비틀면서 빙글빙글 돌려 성형한다. 다 구워졌다면 텅 빈 부분에 크림을 잔뜩 채운다. 반죽을 비틀어 넣으면 기포도 비틀어져서 부드럽지만 탄력 있는 식감이 된다. 크림은 마지막에 주입하기 때문에 수분감 있는 통통한 상태를 유지할 수 있다.
초콜릿 코로네가 대표적이지만 커스터드 크림이나 휘핑크림, 땅콩 크림 등 종류는 다양하다. 우유나 커피, 홍차 같은 음료와 함께 즐겨 보자.

새콤달콤한 과일 잼
ジャムパン
잼빵

사진은 살구 잼빵이다.
소박한 빵 속에 새콤달콤한
잼의 맛이 돋보인다. 커피나
홍차, 우유를 곁들이자. d

배합 예시
단팥빵과 동일하다.

과자 빵의 반죽에 잼을 넣고 구운 것으로, 1900
년에 기무라야소혼텐木村屋總本店 3대 주인인 기
시로 씨에 의해 고안되었다. 당시에는 살구 잼
이 주류였지만 후에는 딸기나 사과 등 다양한 잼
이 사용되었다. 빵을 먼저 굽고 나서 나중에 잼
을 주입하는 경우가 있다. 형태는 기무라야소혼
텐의 잼빵에서 비롯된 반달형이 많다.

data

타입	리치 타입, 팬에 굽기, 과자 빵
주요 곡물	밀가루
사진의 빵 사이즈	길이 12.5cm×폭 7cm×높이 4.2cm 무게 68g
발효법 등	단팥빵과 동일하다.

부드러운 빵과 크림이 입안에서 사르르
クリームパン
크림빵

배합 예시
단팥빵과 동일하다.

굽고 나서 잔열이
가셨을 때 먹어야 맛있다.
커피나 홍차, 일본 차와도
어울린다. d

data

타입	리치 타입, 팬에 굽기, 과자 빵
주요 곡물	밀가루
사진의 빵 사이즈	길이 13cm×폭 8.5cm×높이 3.5cm 무게 69g
발효법 등	단팥빵과 동일하다.

1890년대 중
반 신주쿠 나카
무라야中村屋의 창업
자 소마 씨는 처음으로 먹어
본 슈크림에 감동한 나머지 크림을 이용한 빵
을 연구해 크림빵을 만들어 냈다. 달걀과 우유
를 사용한 커스터드 크림을 넣은 크림빵은 대
표적인 과자 빵이 되었다. 타원형에 칼집을 낸
야구 글러브 같은 형태가 많다.

비스킷 반죽으로 바삭바삭하게

メロンパン
멜론빵

겉이 바삭할 때 먹어야 맛있다. 눅눅해졌을 때는 오븐 토스터로 살짝 데우면 식감이 되살아난다. d

배합 예시
단팥빵과 동일하다.
표면에 비스킷 반죽을
얹어서 굽는다.

data

타입	리치 타입, 팬에 굽기, 과자 빵
주요 곡물	밀가루
사진의 빵 사이즈	길이 10㎝×폭 9.7㎝×높이 5㎝ 무게 66g
발효법 등	단팥빵과 동일하다.

이름의 유래는 '모양이 멜론과 닮아서', '멜론 에센스를 넣어서', '머랭 빵이라고 부르던 것이 멜론빵으로 변화해서' 등 다양한 설이 있다. 제1차 세계대전 후에 미국에서 귀국한 일본인에 의해 전해졌다는 말도 있고, 다이쇼 시대 중기에 독일 과자에서 힌트를 얻어 만들었다는 말도 있지만 확실하지 않다. 간사이 지방에서는 일출 모양과 닮았다고 하여 '선라이즈'라는 이름으로 팔리기도 했고, 아몬드 모양의 멜론빵도 있다.

비스킷 반죽의 거칠거칠하고 바삭한 식감이 특징으로, 보통 표면에 격자무늬가 새겨져 있다. 속에 크림을 넣거나 반죽에 초코 칩을 넣기도 하며, 형태와 종류가 매우 다양하다.

About Bread

두 종류의 데니시 반죽

손쉽게 구할 수 있는 슈퍼나 편의점 등의 빵에 대해 알아봅시다.
오랜 시간 맛을 유지하기 위한 연구는 반죽 제조의 차이에 있습니다.

슈퍼에서 파는 개별 포장된 빵은 상미기한(제품을 맛있게 먹을 수 있는 기한)이 2~3일 정도로 금방 구운 빵이 아니더라도 맛있게 먹을 수 있습니다. 빵집의 빵은 다음 날이면 퍼석해지기도 하는데; 어째서 낱개로 포장된 빵은 맛이 그대로인 걸까요?

이유는 크게 두 가지가 입니다. 먼저 개별 포장된 빵은 비닐봉지에 들어 있기 때문에 수분 증발에 의한 반죽의 경화를 막을 수 있습니다.

다른 한 가지는 제조법의 차이입니다. 제조법의 차이에 대해 데니시를 예로 들어 보면, 개별 포장된 데니시는 버터와 같은 유지와 설탕의 함유량이 매우 높습니다. 따라서 전체적으로 부드러운 식감이며 노화(167쪽 참조)도 느린 편이지요. 다만 데니시 특유의 바삭바삭한 식감은 떨어집니다. 이를 '미국식 데니시'라고 부릅니다.

한편, 빵집에서 파는 데니시는 파이 반죽 위에 충전용 유지를 싸고 접기를 반복하기 때문에 반죽과 유지가 겹겹이 층을 이루게 됩니다. 이것을 구우면 반죽과 반죽 사이에 공간이 생겨서 바삭바삭한 식감이 되는 것이지요. 그 식감은 시간이 지나면 없어지기 때문에 빵집에서 갓 구운 것을 사는 것이 가장 좋습니다. 이를 '덴마크식 데니시'라고 부릅니다.

개별 포장 빵이 장시간 맛있게 보존되는 이유는 유지와 설탕의 양을 늘려 부드러운 식감으로 완성하기 때문입니다.

반죽에 버터를 올려 놓고 접어 만든 빵은 반죽과 버터의 층이 형성되어 바삭바삭한 식감을 느낄 수 있다. 반죽 부분은 비교적 린 타입이므로 개별 포장된 빵과 비교하면 노화가 빠르다.

개별 포장된 빵은 반죽 자체에 유지가 많은 리치 타입이며, 접기형 반죽에 충전용 유지가 적게 들어가는 점이 특징이다. 전체적으로 부드러운 식감이며, 그 폭신함은 시간이 지나도 변하지 않는다(사진 제공 : 주식회사 야마자키 제빵).

About Bread

빵을 자르는 방법과 식감

빵의 식감은 배합과 기포로 정해집니다. 기포는 믹싱과 빵 성형 방법에 의해 달라지지만 빵을 자르는 방법에도 영향을 받습니다.

빵의 기포는 식감을 크게 좌우하는데 반죽의 믹싱Mixing 강도와 빵을 성형 하는 방법에 따라 기포의 양이나 형태는 달라집니다. 기포가 큰(크럼에 구멍이 난) 빵은 전체 기포 수가 적지만 기포 막이 두꺼워서 입자가 거칠고 씹는 맛이 있습니다. 반대로 기포가 작은 빵은 전체 기포 수는 많지만 기포 막이 얇고 입자가 촘촘해서 가벼운 식감이 특징입니다.

또 자르는 방법을 바꿔도 식감의 차이를 느낄 수 있습니다. 빵 속의 기포는 보통 위쪽을 향해 퍼져 있습니다. 따라서 빵을 수직으로 자르냐, 수평으로 자르냐에 따라 단면의 모습이 달라집니다.

예를 들면 바타르와 같은 막대 모양의 프랑스빵은 수평으로 자르면 기포가 크게 난 부분을 즐길 수 있습니다. 단면의 기포 막은 두껍지만 기포가 위쪽으로 퍼져 있기 때문에 비교적 가볍고 탄력 있는 식감입니다. 반면 수직으로 자르면 단면의 기포 수는 많아지지만 기포 막은 세로로 길어지기 때문에 질기지 않고 씹는 맛이 있는 식감을 즐길 수 있습니다.

소형 빵도 자르는 방법에 따라 단면의 모양이 달라집니다. 수직으로 자르면 탄력이 있는 가벼운 식감을, 수평으로 자르면 씹는 맛이 있는 식감을 느낄 수 있지요.

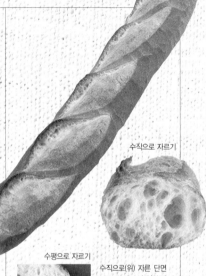

수직으로 자르기

수평으로 자르기

수직으로(위) 자른 단면과 수평으로 자른(왼쪽) 단면은 차이가 있다. 똑같은 빵이라도 어떻게 자르냐에 따라 기포의 위치나 식감이 달라진다.

수직으로 자르기   수평으로 자르기

소형 빵의 경우도 차이가 크다. 질기지 않은 씹는 맛을 즐기고 싶다면 수평으로 자른다(오른쪽). 샌드위치로도 추천한다.

Part 2
만드는 방법과
재료로 알아보는
빵의 모든 것

빵을 만들 때 필요한 재료

빵은 기본적으로 가루에 물을 넣어서 만드는 무척 단순한 요리입니다.
하지만 재료의 맛이 완성된 빵의 맛을 크게 좌우하지요.
일반적으로 가루, 빵효모, 물, 소금은 주재료이고
그 외에는 부재료라고 부릅니다.

가루
(주재료)

강력분

가장 흔히 빵에 쓰이는 가루이다. 단백질 함유량
이 높고(12% 전후), 강한 글루텐을 형성하기 때문
에 부드러운 식감으로 완성된다. 과자에는 부적
합하다.

준강력분(프랑스빵 전용 가루)

단백질 함유량은 11% 전후이다. 글루텐의 형성력
은 강력분보다 약하고, 구우면 표면이 바삭하게
완성되기 때문에 바게트처럼 프랑스빵 직접 굽기
에 적합하다.

가루는 빵의 향기와 맛을 좌우한다

빵을 한입 깨물었을 때 느껴지는 부드러운
식감은 밀가루 안에 포함된 단백질이 물과
섞이면서 탄력성과 점착성을 갖는 글루텐
(167쪽 참조)을 형성하기 때문입니다. 글루텐
을 형성하는 힘이 강한 것이 강력분, 약한 것
은 박력분이라고 하며, 단백질 비율에 따라
가루의 이름도 달라집니다. 볼록한 빵은 대
부분 강력분으로 만듭니다. 강력분에 비해
글루텐을 형성하는 힘이 약한 준강력분은 프
랑스빵을 제조할 때 사용합니다. 또한 밀 껍

질이나 배아까지 모두 포함해서 통째로 간
전립분은 영양가가 높아 주목받고 있습니다.
밀가루 외에 독일 빵을 만들 때 자주 등장하
는 호밀가루도 널리 쓰입니다. 글루텐을 형
성하지 않기 때문에 폭신한 느낌은 없지만
독특한 산미와 단맛으로 풍미가 강한 빵이
완성됩니다.
완성도의 차이를 알고 목적에 맞게 가루를
선택하는 것은 빵을 만들기에 앞서 내딛어야
할 가장 큰 첫걸음입니다.

박력분

글루텐이 잘 형성되지 않기 때문에 박력분으로만 빵을 만들기는 어렵다. 강력분과 섞어서 사용하면 부드러운 식감으로 완성된다. 단백질 함유량은 8% 전후이다.

통밀가루(전립분)

입자가 굵은 전립분이다. 입자가 고운 전립분보다 정장 작용이 좋다고 한다. 거친 식감을 완화하기 위해 따뜻한 물에 담갔다가 사용하는 경우가 많다.

전립분

밀 껍질이나 배아를 모두 넣어 간 가루이다. 밀가루에 비해 비타민, 아미노산, 식이 섬유가 풍부하고 영양가가 높다. 강력분에 30% 정도 섞으면 폭신한 식감을 유지하면서 영양가를 높일 수 있다.

호밀가루

글루텐을 형성하지 않기 때문에 잘 부풀지 않고 입자가 촘촘한 빵이 된다. 이를 조금이라도 개선하기 위해 사워종(111쪽 참조)을 넣어 부풀리기 때문에 호밀빵은 시큼한 맛이 난다.

이 밖에	쌀가루	쌀을 분말로 만든 것. 밀가루나 밀가루에서 생성된 글루텐을 소량 섞으면 반죽이 완성된다. 빵 외에 피자나 과자로도 사용된다.
	옥수숫가루	옥수수 배아를 분쇄한 것에 밀가루 글루텐을 소량 섞은 가루. 주로 토르티야에 사용한다.

산지에 의한 밀가루의 차이

미국과 캐나다는 강력분의 주된 산지로, 단백질 함유량이 높은 밀을 수확할 수 있습니다. 하얀 가루로 구운 빵은 크림도 하얗습니다.

그에 비해 독일과 프랑스산 밀은 단백질 함유량이 적어서 준강력분이 됩니다. 은은한 노란빛을 띠기 때문에 크림도 살짝 노르스름하게 완성되고 풍미가 풍부한 점이 특징입니다.

또한 일본산 밀은 단백질이 적어서 중력분에 속하며 우동을 만들기에는 적합하지만 빵에는 부적합하다는 평을 받았습니다. 하지만 최근에는 단백질 함유량이 높은 밀이 재배되고 있어서 빵 만들기에 일부 사용하기도 합니다.

빵효모 발효원
(주재료)

드라이이스트

유럽에서 수입된 제품이 대부분이다. 린 타입의 반죽을 발효할 때 적합하다. 따뜻한 물에 미량의 설탕과 드라이이스트를 넣고 예비 발효를 해야 한다.

인스턴트 드라이이스트

반죽에 직접 섞어서 사용할 수 있다. 예비 발효가 필요 없고 가정에서도 사용하기 쉽다. 발효 향이 산뜻한 것이 특징이다. 사용 후에는 밀봉하고 냉동고에 넣으면 1년 정도 보존할 수 있다.

생 이스트

설탕을 듬뿍 넣은 반죽도 생 이스트를 넣으면 폭신폭신 부드럽게 완성되기 때문에, 식빵부터 과자 빵까지 폭넓게 쓰인다. 냉장고에서 3주 동안 보관하는 것이 적당하다.

베이킹파우더

베이킹파우더나 탄산수소나트륨(중조)은 과자 빵을 부풀리는 가스 발효원으로 사용된다. 가스의 발생 방법이 빵효모와는 다르며 보통 제빵에는 적합하지 않다.

빵을 부풀리기 위해 반드시 필요하다

빵의 반죽은 빵효모(이스트)의 발효 때문에 부풀어 오릅니다. 효모가 발효하고 탄산 가스를 생성하면 반죽이 부풀면서 탄력 있는 반죽으로 완성되는 것이지요.

빵집에서 제빵용으로 사용하는 것은 강한 발효력이 특징인 생 이스트와 드라이이스트입니다. 집에서는 보통 드라이이스트를 사용합니다. 인스턴트 드라이이스트처럼 직접 반죽에 넣거나 예비 발효가 필요 없는 타입도 있습니다. 드라이이스트는 복잡한 발효 향이 특징이며, 인스턴트 드라이이스트는 발효 향이 산뜻합니다. 발효의 독특한 향은 발효할 때 발생하는 알코올과 유기산 때문입니다. 부드러운 빵을 만들기 위해서는 빵효모의 양과 발효 온도, 시간을 적절하게 조절하는 것이 핵심입니다.

발효종
(주재료)

자가제 효모

건포도나 사과, 키위 등의 과일, 또는 곡류에서 천연 효모를 증식시킬 수 있다. 복합적인 향과 풍부한 맛이 특징이다. 다만 다루기 어렵기 때문에 상급자에게 적합하다.

호시노 천연 효모빵종

일본에서 판매되는 천연 효모종이다. 자가제와 비교하면 다루기 쉽고 독특한 풍미의 빵을 비교적 수월하게 구울 수 있다. 종을 키우는 데 보통 20~30시간이 걸리고 빵효모와 달리 장시간 발효가 필요하다.

자연의 효모를 증식시켜서 발효원으로 사용한다

발효종은 과일이나 식물에 붙어 있는 천연 효모와 유산균을 증식시켜서 만듭니다. 이러한 발효종을 보통 사워종이라고 부릅니다. 일본에서는 공장에서 배양한 빵효모(이스트)와 구별하기 위해 발효종을 '천연 효모'라고 부르기도 합니다. 하지만 '천연 효모'에는 효모만이 아닌 유산균 등의 미생물도 잔뜩 증식되어 있어서 순수한 효모라고 부르기에는 적절하지 않기 때문에 전문가들은 흔히 '종'이라고 부릅니다.

발효종을 사용한 빵은 미생물에 의해 독특한 향과 풍미를 갖습니다. 하지만 부적절하게 배양하면 빵이 부풀지 않거나 산미가 너무 강해지기도 합니다. 더욱이 유해한 미생물이 증식할 가능성도 있기 때문에 주의해야 합니다. 업소용 제품 중에는 특유의 향을 완화하기 위해 분말로 만든 발효종도 있습니다.

발효종의 종류

호밀 사워종

곡물에 붙은 효모와 유산균, 호밀가루, 물로 배양한 종이다. 강한 산미가 특징으로, 독일 빵에 자주 사용된다.

주종

쌀, 누룩, 물로 발효시킨 종이다. 누룩이 당분을 포함하기 때문에 노화가 느리다. 빵에서 풍기는 누룩의 향은 식욕을 돋운다.

호프종

호프Hops*와 감자, 밀가루, 물을 발효시킨 종이다. 독특한 쓴맛이 난다. 빵효모가 없던 시절 식빵에 자주 사용되었다.

과실종

잘 익은 과일 껍질에 붙은 미생물을 밀가루 반죽에 증식시킨 종이다. 사과나 포도 등을 활용하는 것이 대표적이다. 은은한 산미가 특징이다.

천연 효모 발효종과 빵효모(이스트)는 다른가요?

'천연 효모'라는 말이 자주 들립니다. 빵효모와 다른 것처럼 보이지만 사실 비슷합니다. 하지만 발효종은 효모의 움직임을 안정시키기가 어려워서 완성도에 차이가 나타나기도 합니다. 발효종 중에 움직임이 안정된 우수한 효모를 엄선하여 순수 배양한 것이 빵효모입니다.

*호프 : 유럽에서 나는 여러해살이풀로, 맥주 원료로 사용한다.

물
(주재료)

물은 수돗물을 사용해도 상관없다. 반대로 알칼리의 따뜻한 물은 글루텐 형성에 악영향을 주기 때문에 적합하지 않다. 물의 온도는 원하는 반죽 온도(168쪽 참조)에 맞춰서 조정한다.

다른 재료의 활성을
돕는 중요한 역할이다

빵의 반죽을 부풀리는 데 필요한 것은 빵효모(이스트)이지만, 그 활성을 돕는 것은 물입니다. 글루텐 형성에도 물은 반드시 필요하며, 제빵에서 빼놓을 수 없는 주재료입니다.

물을 흡수하면 생기는 글루텐의 탄성은 경수硬水일 때 너무 강해지고 연수水일 때는 반대로 약해집니다. 제빵에서는 아경수를 사용하는 것이 바람직하며, 수돗물을 그대로 사용해도 문제없습니다.

소금
(주재료)

정제염 제빵 현장에서는 거의 정제염(식염)을 사용한다. 염화나트륨이 95.5% 이상으로 불필요한 것을 포함하지 않아서 사용하기 좋다.

천일염 암염이나 해염을 사용할 때도 있다. 반죽에 섞어 넣기 위해 사용하는 것 외에 독특한 풍미를 주기 위해 토핑으로 사용하기도 한다.

반죽의 탄력과
발효를 조절한다

린 타입의 빵은 희미한 소금기가 맛을 판가름합니다. 짭조름함과 달콤함의 균형이 중요해서 프랑스빵이나 식빵에는 가루 대비 2% 전후, 설탕이 많은 과자 빵은 0.8~1% 전후로 소금을 넣습니다.

소금의 역할은 다양한데, 글루텐 형성을 촉진하여 반죽에 탄력을 주기도 하고 효모의 발효를 늦춰서 과발효를 막기도 합니다. 소금을 넣지 않으면 반죽이 묽어져서 늘어나거나 부풀어 오르지 않고, 간이 되어 있지 않기 때문에 맛에 큰 지장을 줍니다. 소금은 수분을 쉽게 흡착하기 때문에 습기를 피해서 밀폐 용기에 넣는 등 보관에 주의해야 합니다.

달걀
(부재료)

달걀노른자와 흰자를 모두 사용하는 경우가 대부분이다. 단백질, 비타민A, 칼슘 등 영양가가 높고 영양분을 강화하는 역할도 한다.

반죽이 부드럽게 완성되며 풍미를 한층 높여 준다

리치 타입의 빵은 버터와 달걀 사용량에 따라 풍미가 크게 차이 납니다. 달걀은 사용할수록 부드럽고 폭신한 식감이 되기 때문에 달걀을 많이 사용한 빵을 가장 리치한 타입의 빵이라고도 말합니다. 하지만 가루 대비 30% 이상을 넣으면 반죽이 묽어지고 다루기 어렵기 때문에 너무 많이 사용하지 않도록 조심해야 합니다. 또한 빵을 굽기 전에 반죽 표면에 달걀물을 바르면 다 구웠을 때 광택이 나고 아름다운 빛깔을 띱니다.

설탕
(부재료)

상백당
가장 많이 사용하는 상백당, 촉촉하고 입자가 고우며 사용하기 쉽다. 또한 거부감 없는 단맛으로 어떤 빵에도 잘 맞는다.

삼온당
독특한 풍미가 있고 단맛에 깊이가 있다. 정제 과정에서 여러 번 가열하기 때문에 옅은 갈색이 된다. 베이글 등에 적합하다.

그래뉴당
미국 제빵에서 많이 사용한다. 부슬부슬한 알갱이 상태로 깔끔한 맛이다. 시나몬 롤 등에 적합하다.

설탕
그래뉴당을 분쇄하여 더욱 부드러운 알갱이로 만든 것이다. 주로 토핑이나 아이싱에 사용한다.

반죽을 촉촉하고 부드럽게 만든다

설탕은 빵을 부풀게 하고 효모의 발효를 돕습니다. 또 반죽의 탄력을 높이기 때문에 부드럽고 촉촉한 식감을 만들어 내며, 달콤한 빵일수록 폭신한 식감은 커집니다. 설탕의 보습 작용에 의해 반죽이 촉촉하고 부드럽게 유지되는 것을 '빵의 노화를 늦춘다'라고 표현합니다.

제빵에서는 주로 상백당을 사용하지만 경우에 따라서 여러 종류의 설탕을 사용합니다.

유지
(부재료)

자주 사용하는 가소성 유지

버터

우유에 포함된 유지방을 응축하여 굳힌 동물성 유지이다. 유지 중에서 가장 풍미가 깊고 감칠맛이 있다. 무염과 유염이 있으며 빵을 만들 때는 무염을 많이 사용한다.

마가린

콩기름, 옥수수기름 등으로 만든 식물성 유지이다. 버터보다 깔끔한 맛이 특징으로, 가소성 범위가 넓기 때문에 다루기 쉽고 가격도 저렴하다. 과자 빵을 만들 때 자주 사용한다.

쇼트닝

식물성과 동물성이 있다. 거부감이 없는 담백한 맛으로 완성된다. 맛과 향이 없기 때문에 빵을 틀에서 꺼낼 때 틀에 바르는 용도로도 사용한다.

라드

돼지의 지방을 정제한 유지이다. 독특한 맛을 갖고 있으며 빵이 바삭바삭한 상태로 완성된다. 오래 보존할 수 없기 때문에 가정에서보다는 전문 제빵용으로 쓰인다.

액체 상태의 유지

올리브유
올리브 열매에서 추출된 식물성 유지이다. 액체이기 때문에 빵을 부풀리는 효과는 없지만 독특한 향과 풍미를 준다. 주로 포카치아에 사용된다.

샐러드유
식물성 유지로 빵을 봉긋하게 부풀리는 효과는 없다. 특유의 향도 없어서 다른 재료의 맛을 방해하지 않고 촉촉하게 구울 수 있다.

빵을 부드럽고 폭신하게 유지한다

빵에 유지를 넣으면 한층 부드러워지고 식욕을 돋웁니다. 또 수분의 증발을 억제하여 반죽의 노화를 막기 때문에 부드러운 상태가 유지됩니다.

가소성 유지(점토 상태의 유지)의 가장 큰 역할은 반죽을 부풀리는 것입니다. 버터, 마가린, 쇼트닝, 라드 등을 반죽에 넣으면 유지가 글루텐 표면에 막을 만들어서 반죽의 탄력이 좋아지고 부드러워집니다.

그에 반해 올리브유 같은 액체 상태의 유지는 빵에 깊은 맛을 더할 수는 있지만 부풀리는 효과는 없습니다.

글루텐의 형성을 막기 때문에 반죽을 만들 때 유지는 글루텐이 형성되고 나서 넣는 것이 포인트입니다. 빵을 부드럽게 완성하기 위해서는 가루 대비 3% 정도의 유지가 필요합니다.

유지는 어떻게 사용하나요?

제빵 현장에서는 빵 종류에 따라 유지의 특성을 살려서 섞어 쓰기도 합니다. 빵을 촉촉하고 봉긋하게 만들고 싶다면 버터나 마가린을 사용하고, 바삭바삭한 식감을 만들고 싶다면 라드나 쇼트닝을 사용합니다. 또한 부드러운 식감이 아니라 풍미를 더하고 싶다면 올리브유를 사용합니다.

같은 이름의 유지라도 맛과 향이 다양하기 때문에, 산지와 생산자 고유의 풍미를 살려서 섞어 쓰면 자기만의 개성을 빵에 입힐 수 있습니다.

우유

우유를 사용하면 감칠맛이 생긴다. 물 대신 우유를 넣을 때는 물의 양보다 10% 정도 늘려서 반죽의 단단함을 조절하며 믹싱한다. 노릇노릇한 색깔을 위해 우유를 반죽 표면에 바르기도 한다.

탈지분유

우유에서 지방과 수분을 제거하여 건조시킨 분말로 스킴 밀크Skim Milk라고도 한다. 장기 보존이 가능해서 빵에 가장 자주 사용한다. 물에 바로 넣으면 뭉치기 때문에 설탕과 섞은 다음에 사용하면 좋다.

요구르트

우유와 탈지분유를 유산균과 효모로 발효시킨 것이다. 반죽에 넣으면 산뜻한 풍미와 부드러운 맛을 낼 수 있다.

생크림

풍부한 향과 맛을 살려서 촉촉한 식감을 만들고 싶을 때 사용한다. 쉽게 상하고 쉬어 버리기 때문에 보존에 주의해야 한다.

고소한 향과 부드러운 식감을 살린다

식빵처럼 부드러운 식감의 빵을 만들 때 사용하는 유제품입니다. 유제품에 함유된 유당 때문에 반죽에 은은한 단맛과 풍미가 살아납니다. 유당과 지방이 반죽을 촉촉하게 만들기 때문에 빵의 속살도 한결 부드러워집니다. 또한 유당은 빵을 구웠을 때 노릇한 색깔을 띠게 합니다. 빵 표면에 착색 반응(메일라드 반응Maillard Reaction)과 관련이 있으며, 구우면 색이 짙어지는 것과 비슷한 현상이라고 할 수 있습니다.

영양가가 높은 것도 유제품의 특징이겠지요. 유제품을 넣으면 단백질과 무기질 성분이 증가합니다. 가장 자주 사용되는 유제품은 비교적 다루기 쉽고 보존력도 좋은 탈지분유입니다. 그 다음으로는 우유입니다. 전반적으로 유제품은 사용하기 상당히 까다롭습니다. 냉장고에 넣어 보관하고 온도를 잘 맞춰서 되도록 빨리 사용해야 합니다. 혹은 밀폐 용기에 넣어 냄새가 변하는 것을 방지하는 것도 좋은 방법입니다.

견과류 · 씨앗

위에서 시계 방향으로 호박씨, 아몬드, 호두순이다. 잘게 부순 것을 위에 얹거나 반죽에 섞으면 고소한 맛을 더해 준다.

과일

위에서 시계 방향으로 말린 무화과, 말린 오렌지 껍질, 건포도이다. 생과일보다 건조 과일의 식감과 풍미가 빵에 더 잘 남는다.

허브 · 향신료

위는 로즈마리, 아래는 시나몬이다. 로즈마리는 포카치아의 토핑으로, 시나몬은 시나몬 롤에 주로 사용된다. 맛이 한층 더 깊어지고 풍부해진다.

토핑
(부재료)

풍미와 식감을 변주한다

빵 속의 견과류와 향신료는 구수한 맛과 향, 씹는 맛을, 과일은 새콤달콤한 식감을 느끼게 해 줍니다. 보통 잘게 부수거나 분말로 만들어서 빵 반죽에 섞기도 하고, 견과류와 과일을 함께 토핑하기도 합니다.

전체의 15% 이상 부재료를 넣게 되면 글루텐의 탄성이 약해지고 반죽이 잘 부풀지 않기 때문에 넣는 양에 주의해야 합니다.

견과류는 산화가 빨라서 사용할 양만 준비해 가능한 빨리 사용합니다. 쓰고 남은 견과류는 밀폐 용기에 넣은 뒤 햇빛이 안 드는 곳이나 냉장고에 보관합니다. 건조 과일은 건조 상태에 따라 물에 불려서 쓰거나 시럽에 졸여서 사용합니다. 건조 과일 역시 빨리 사용해야 합니다. 향신료나 허브는 습기에 주의하고 마찬가지로 빨리 사용합니다.

빵을 만들 때 필요한 도구

재다

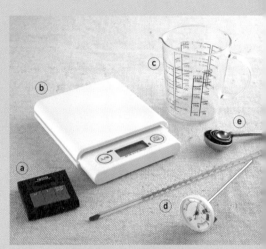

a 타이머
발효 시간이나 벤치 타임Bench Time(169쪽 참조)을 재기 위해 꼭 필요하다. 정확히 잴 수 있는 디지털식이 좋다.

b 저울
재료 무게를 정확히 재는 디지털 저울이다. 0.1g 단위로 계량하는 것이 좋다.

c 계량컵
수분 계량에 필요한 계량컵이다. 유리 재질이나 스테인리스 재질이 다루기 쉽다.

d 온도계
제빵에서는 정확한 온도 관리가 필수이다. 완성된 반죽의 온도나 준비된 물의 온도, 물을 끓일 때의 온도 등을 잰다.

e 계량스푼
소량의 액체는 계량스푼으로 잰다. 액체는 표면이 가득 차게 넣어서 계량한다.

섞다
반죽하다

a 롤 패드
실리콘 재질은 반죽이 들러붙지 않으며 반죽하기 쉽다. 반죽의 크기를 잴 수 있도록 눈금이 표시된 것도 있다.

b 볼
스테인리스 재질과 유리 재질이 있다. 중탕할 때 사용할 수 있도록 21cm, 24cm 등 크기별로 준비하면 편리하다.

c 고무 주걱
재료를 한데 섞을 때 사용한다. 볼에 붙은 반죽을 떼어 내는 역할도 한다. 실리콘 재질이 사용하기 편하다.

d 거품기
재료를 섞을 때 사용한다. 와이어 수가 많은 것이 좋다. 큰 것과 작은 것이 있으면 편리하다.

빵을 만들 때 준비해 두면 편리한 도구들입니다.
전용 도구도 일부 있지만 일반 요리에도 사용할 수 있습니다.
여기서는 집에서 빵을 만들 때 구비하면 좋을 도구를 소개합니다.

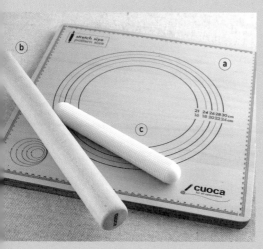

늘리다
형태를
정리하다

a 페이스트리 보드
롤 패드와 같은 역할이지만 어느 정도 크기와 무게가 있기 때문에 고정이 잘 되고 반죽을 늘리는 데 적합하다.

b 밀대
반죽을 밀 때 사용한다. 너무 두껍거나 얇지 않고, 길이도 적당한 것이 좋다. 반죽 크기에 맞는 밀대를 쓴다.

c 공기 배출 밀대
표면이 울퉁불퉁한 밀대이다. 밀가루를 뿌리지 않아도 반죽이 들러붙지 않고 작업하기 좋다.

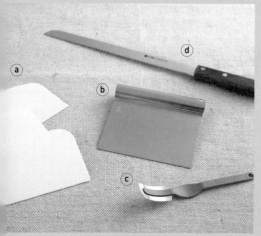

자르다

a 플라스틱 스크레이퍼
버터를 자르거나 반죽을 분할한다. 반죽을 섞을 때 고무 주걱과 같은 용도로도 사용할 수 있다.

b 스테인리스 스크레이퍼
주로 반죽을 나누는 용도로 쓰인다. 작업대에 붙은 반죽을 떼어 내거나 멜론빵의 줄무늬를 넣을 때에도 사용한다.

c 쿠프 나이프
바게트 등에 쿠프를 넣을 때 사용한다. 날이 날카롭기 때문에 조심히 다뤄야 한다.

d 빵 칼
빵을 자르는 칼이다. 일반적인 주방 칼과 비교하면 칼날이 오돌토돌해서 빵이 부드럽게 잘린다.

발효 시키다

a 바네통
불이나 캉파뉴 등의 발효에 사용하는 바구니이다. 가루를 뿌리고 사용하기 때문에 반죽에 바네통Banneton 모양이 찍힌다.

b 빵 매트
바게트 등의 반죽을 올려놓고 발효시킬 때 사용한다. 반죽을 발효할 때 위에 덮어 건조되는 것을 막아 준다.

c 비닐봉지
발효할 때 반죽을 덮고 랩 대신 사용한다.

d 행주
물기를 꽉 짜낸 행주는 반죽이 마르는 것을 막아 준다. 토핑을 올릴 때 표면을 적당히 적시기 위해 사용하기도 한다.

e 랩
발효할 때 반죽이 마르지 않도록 위에 덮는 용도로 사용한다.

굽다 식히다

a 분무기
오븐에 넣기 전에 반죽의 표면을 적시거나 오븐 안에 물기가 필요할 때 사용한다.

b 식힘망
완성된 빵을 식히기 위해 사용한다. 다리가 달려 있고 통기가 잘 되는 것을 고른다.

c 오븐용 시트
팬에 반죽이 들러붙지 않도록 쇼트닝을 바르는 것이 일반적이지만 오븐용 시트를 깔기도 한다.

d 솔
빵의 표면에 달걀물이나 기름을 바를 때 사용한다. 달걀용, 유지용 등으로 나눠서 준비하면 좋다.

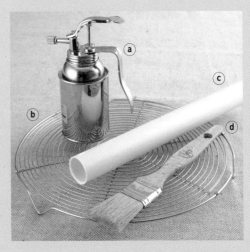

a 구겔호프 틀
중앙에 구멍이 뚫린 구겔호프 틀이다. 열전도가 좋다.

b 잉글리시 머핀 틀
잉글리시 머핀을 구울 때 쓴다. 팬 위에 늘어놓고 사용한다. 위에 팬을 하나 더 올려놓아 반죽이 너무 부풀지 않도록 한다.

c 코로네 틀
코로네를 성형할 때 반죽을 돌돌 말아서 사용한다. 스테인리스 재질 외에 주석을 도금한 재질, 테플론 재질 등이 있다.

d 식빵 틀
반죽을 넣고 위에 뚜껑을 덮어 구우면 각형 식빵이 된다. 산봉우리를 만들어서 뚜껑을 덮지 않고 구우면 산형 식빵으로 완성된다.

편리한 도구

기본 도구 외에 준비해 두면 편리한 도구를 소개합니다.
기본 도구를 준비한 다음, 살짝 구비해 두면 좋겠지요.

반죽기 기계로 반죽하면 훨씬 안정적인 반죽이 완성된다. 발효나 펀치 시간을 설정할 수 있는 타이머가 달린 것도 있다(사진 제공 : 주식회사 일본 니더).

발효기 발효할 때의 온도와 습도를 조절할 수 있기 때문에 정밀하게 발효된다. 팬을 그대로 넣을 수 있는 사이즈가 다루기 편하다.

체 밀가루를 사용하기 전에 체에 한 번 거르기도 한다. 특히 박력분은 걸러 주면 좋다.

카이저젬멜 누르기 틀 카이저젬멜 표면에 모양을 찍는 전용 틀이다. 작은 빵에 모양을 찍어도 좋다.

앙금 주걱 단팥빵에 단팥을 채우거나 크림빵에 크림을 얹을 때 사용한다.

깍지 크림 등을 짜낼 때 짤주머니에 붙여서 사용한다. 둥그런 모양이나 꽃모양 등 다른 형태와 크기를 모아 두면 편리하다.

짤주머니 깍지를 붙여서 사용한다. 비닐 재질의 일회용과 방수 가공된 면 재질이 있다.

빵 제조법

스트레이트법

● 재료를 한꺼번에 섞는다

모든 재료를 믹싱해서 만드는 것이 스트레이트법입니다. '직접 반죽법'이라고도 부릅니다. 다른 제조법에 비해 작업 공정이 간단하고 가장 수월한 제조법입니다. 집에서 직접 반죽하거나 빵을 만들 때는 대부분 이 제조법을 이용합니다. 또한 소규모 수제 빵집에서도 이 방법을 많이 이용합니다.

장점은 반죽 자체의 풍미를 살려서 원재료의 개성이 뚜렷하며, 탄력이 있어서 쫄깃한 빵을 만들 수 있고 중종법에 비해 작업 시간이 짧은 점입니다. 단점은 반죽의 발효 상태를 조정하는 것이 어렵기 때문에, 재료의 품질과 배합량이 조금이라도 틀어지면 빵이 찢기는 등의 영향을 미치기 때문에 빵의 노화가 빨라집니다.

노타임법

● 효모로 숙성 시간을 단축한다

스트레이트법의 한 종류로 제빵 시간을 단축하기 위해 빵효모(이스트)와 산화제의 양을 늘리는 제조법입니다. 보통 1.5~2배의 양을 사용하고 완성된 반죽의 온도를 조금 높여서 믹서로 최대한 믹싱합니다.

구웠을 때의 상태는 스트레이트법보다 입자가 세밀하고 부드러운 식감입니다. 하지만 발효 시간이 짧기 때문에 풍미나 향은 부족합니다.

중종법

● 풍미가 풍부한 빵을 만든다

먼저 발효시킨 반죽의 일부를 중종으로 사용하는 제조법입니다. 잘 부풀어 올라서 부드러운 식감이며 발효에 의해 풍미가 풍부합니다. 미리 밀가루, 빵효모(이스트), 물을 사용해서 발효종(중종)을 만들고 남은 재료를 더해 반죽을 만듭니다. 이 중종을 스펀지라고 부르기 때문에 '스펀지법'이라고도 합니다. 식빵이나 과자 빵에도 적합한 제조법이므로 대기업 제빵 공장에서 자주 이용됩니다.

빵에 따라 적절한 반죽 방법과 발효법이 다릅니다.
집에서는 스트레이트법을 흔히 사용하지만, 여기서는 제빵 업계에서
주로 다루는 대표적인 제조법 7가지를 소개합니다.

사워종법

● 호밀빵 제조에 대중적으로 쓰인다

천연 효모와 유산균을 다량으로 함유한 초종을 만들어서 종을 완성한 다음 반죽을 만드는 제조법입니다.

사워종은 유산균의 활성이 높기 때문에, 시큼한 맛과 향이 강한 독특한 풍미의 빵이 완성됩니다. 밀가루를 사용한 사워종은 파네토네종과 샌프란시스코종 등이 유명합니다. 호밀가루를 사용한 사워종은 호밀빵을 잘 부풀어 오르게 합니다.

폴리시법

● 수분이 많고 발효 향이 좋다

발효종에 같은 양의 가루와 물을 넣고 폴리시종을 만든 다음, 남은 재료를 믹싱하는 제조법입니다. 이 제조법이 폴란드에서 전해졌다고 하여 폴리시법이라는 이름으로 불리고 있습니다.

수분이 많은 종이기 때문에 효모의 발효를 높이는 데 적합합니다. 폴리시종을 사용한 빵은 발효에 의한 향과 풍미가 강한 것이 특징입니다.

오버나이트 중종법

● 냉장고에서 저온 발효한다

중종법의 일종으로 중종을 먼저 만들고 냉장고에서 하룻밤 저온 발효시키는 방법입니다. 차가운 온도가 중종의 발효를 늦추기 때문에 전날부터 하룻밤에 걸쳐 중종이 완성됩니다. 보통의 중종법과 비교하면 빵효모에 의한 향이나 풍미가 부드럽습니다.

노면법

● 전날 만들어 둔 빵 반죽을 사용한다

미리 충분히 발효시킨 빵 반죽(노면)을 빵종으로 사용하여 새로운 반죽을 만드는 제조법입니다. 노면의 빵효모는 활성이 저하되기 때문에 빵효모도 병용합니다. 전날 반죽을 20~30% 섞어서 사용하는 경우가 많고 '옛날 반죽' 혹은 '고생지법'이라고도 불립니다. 독특한 산미가 특징이며 발효 빵 특유의 풍미가 있는 빵으로 완성됩니다.

기본 빵 만들기

버터 롤

생 이스트를 사용하여 본격적으로
도전해 봅시다. 130쪽부터는
버터 롤 반죽으로 만들 수 있는
변형 레시피 4가지를 소개합니다.

01
재료 준비

버터 롤 24개 분량
(오븐으로 구울 수 있는 개수에
맞춰서 분량을 조정하세요.)

강력분 …… 500g
빵효모(생 이스트) …… 22.5g
설탕 …… 60g
소금 …… 7.5g(1/2큰술)
무염 버터 …… 75g
전란 …… 75g
물 …… 250ml
마무리용 달걀물 …… 적당량

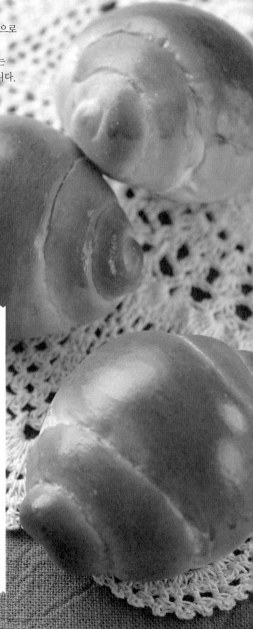

02 재료 섞기

1

버터와 달걀은 실온에 놓는다.
물 100ml에 빵효모를 넣고 몇 분
동안 현탁한다.*

2

다른 볼에 남은 물, 소금, 설탕을
순서대로 넣고 덩어리지지 않도
록 거품기로 섞는다.

> **POINT**
> 빵을 만들 때 완성된 반죽
> 의 온도가 너무 높거나 낮
> 으면 발효에 영향을 끼칠
> 수 있습니다. 반죽을 만들
> 때는 물의 온도를 잘 맞춰
> 야 합니다. 여름에는 냉수,
> 겨울에는 미지근한 물 등
> 그날 날씨나 기온에 맞춰서
> 물의 온도를 조정하세요.

3

달걀과 강력분 2/3 정도를 넣고
반죽을 자르듯이 고무 주걱으로
섞는다.

4

어느 정도 반죽이 되었다면 **1**의
빵효모를 넣는다.

5

주걱으로 계속 섞어서 매끈하게
만든다. 반죽을 주걱으로 떴을
때 주걱에서 끈적하게 흘러내리
면 완성이다.

6

계속해서 남은 강력분을 볼에 넣
고 가루와 수분이 제대로 섞이도
록('수화水和'라고 부른다) 손으
로 치댄다.

7

어느 정도 모양이 잡혔으면 스크
레이퍼나 고무 주걱을 사용해서
볼의 측면에 붙은 가루도 남김없
이 반죽에 붙인다.

> **POINT**
> 5까지의 공정으로 만든 것
> 이 배터Batter(168쪽 참조)
> 입니다. 처음부터 모든 가루
> 를 섞지 않고 배터를 먼저
> 만들면 가루 전체가 부드럽
> 게 섞입니다.

8

반죽을 반복해서 볼에 치대며 측
면에 남은 가루가 없도록 한다.

9

버터를 넣고 손으로 누르거나 찍
어 내리면서 꼼꼼히 반죽한다.

10

정리가 되었으면 반죽을 볼에 내
리치고 끌어올려서 접는 동작을
반복한다.

*현탁하다 : 입자가 액체 안에 분산되도록 섞는 것.
완전히 섞이지 않고 시간이 지나면 침전한다.

03 반죽하기

1

반죽 모양이 어느 정도 잡혔으면 꺼낸다.

2

< **POINT**
'쾅' 하는 큰 소리
가 날 정도로 강하
게 두드립니다. 또
한 반죽을 접을 때
는 충분히 늘려야
합니다.

작업대에 치대면서 반죽을 당기듯이 늘리
다가 다시 안쪽으로 접고 각도를 90도 바
꿔서 다시 두드린다. 이 동작을 반복한다.

3

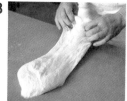

2의 동작을 200번 정도 반복한다. 조금씩
반죽이 매끈해지면 반죽을 늘려서 얇은
막이 생겼는지 확인한다.

< **POINT**

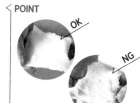

위의 사진은 잘 반죽해
서 '반죽이 매끄러운 상
태'입니다. 아래 사진처
럼 반죽이 거칠거칠하다
면 반죽하는 횟수가 부
족한 것입니다. 반죽 안
의 글루텐을 최대한 늘
이는 것이 포인트이지요.

4

표면이 팽팽해지도록 한 덩어리로 만든다.
온도계를 반죽에 꽂고 반죽 온도가 28도
가 되었는지 확인한다.

< **POINT**

반죽 온도가 낮은 경우
는 열탕 처리를 하고 높
으면 냉수로 차게 식힙
니다. 반죽의 온도가 일
정해지도록 볼 전체에
반죽을 늘입니다. 반죽
온도는 플러스마이너스
1도의 범위 안에서 맞춥
니다.

**다음은
발효입니다**

오븐 레인지에 있는
발효 기능을 사용하면
편리해요.

04 1차 발효

볼에 반죽을 넣어 랩을 씌운다. 27~28도 정도의 환경에서 40분 정도 방치한다. 겨울이거나 추운 날씨인 경우에는 30도로 열탕 처리를 한다.

40분 정도 지나면 반죽이 약 2.5배로 커진다.

POINT

발효 상태를 확인할 때에는 반죽 위에 강력분(분량 외)을 뿌리고 반죽을 손으로 눌러 봅니다. 손가락을 뺐을 때 반죽에 흔적이 남았다면 딱 좋은 상태입니다. 흔적이 남지 않고 반죽이 제자리로 돌아온다면 발효가 부족한 것이므로 조금 더 기다려야 합니다.

05 분할·둥글게 하기

스크레이퍼로 반죽을 40g(24개 분량)씩 나눠서 자른다.

자른 반죽이 40g인지 저울로 확인한다(사진에서는 대저울을 사용했다). 무게가 적다면 반죽을 덧붙이고, 많다면 잘라서 정확히 맞춘다.

계량이 끝난 반죽을 손바닥에 올린다.

손바닥 끝을 사용해서 반죽의 표면이 팽팽하도록 둥글게 만든다.

표면이 주름 없이 매끈하다면 OK.

빵집에서는 … 작업대 위에 두 덩어리를 동시에 재빨리 굴립니다.

반죽 두 덩어리를 작업대에 올린다.

손바닥으로 감싸면서 손바닥 끝을 사용하여 반죽을 굴린다.

반죽을 주무르기보다는 작업대에 비비듯이 굴려 완성한다.

06 벤치 타임

다음은 드디어 성형이에요!

반죽을 줄 세우고 약 20분 정도 벤치 타임을 갖는다. 밀폐 용기에 넣거나 꽉 짜낸 행주를 덮어서 반죽이 마르지 않도록 한다.

07 성형하기

1

반죽 위에 밀가루를 살살 뿌리고 (분량 외) 작업대로 옮긴다.

2

손바닥으로 가볍게 눌러서 반죽을 편다.

3

반죽을 뒤집고 중심으로 모아서 세 번 접는다.

4

절반으로 한 번 더 접고 반죽을 돌돌 만다.

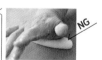

NG

반죽을 감싸면서 막대 모양으로 만들어야 하기 때문에 반죽을 위에서 누르지 않도록 한다.

5

한쪽 끝을 조금 뾰족하게 당근 모양으로 성형한다. 반죽이 잘 늘어나도록 이 상태로 5분 정도 놔둔다.

6

반죽을 세로로 두고 뾰족한 쪽을 안쪽에서 잡은 다음 바깥쪽을 밀대로 민다.

7

뾰족한 부분을 당기면서 밀대로 끝까지 민다.

8

뭉툭한 부분을 안쪽으로 바꿔 놓고 만다. 두세 번 말아서 심을 만든다.

9

뾰족한 쪽을 당기면서 돌돌 만다.

10

끝까지 말린 부분을 밑으로 두면 성형 완료.

마무리 POINT

빵을 굽기 전에 달걀물을 미리 묻혀도 좋고, 구운 다음에 기름을 발라도 상관없습니다. 달걀물을 발라서 구우면 광택이 생기고 막이 형성되어 크러스트가 두꺼워집니다. 반대로 아무것도 바르지 않고 구우면 겉이 푸석해지며, 막이 형성되지 않기 때문에 크러스트가 얇고 가벼운 식감이 됩니다. 이때 기름을 바르면 매끄럽고 촉촉한 상태를 유지할 수 있습니다.

08 2차 발효(최종 발효)·마무리

1

팬에 쇼트닝을 바르거나 오븐용 시트를 깔고, 반죽의 이음매 부분이 아래로 오도록 나열한다. 따뜻한 곳에서 건조기를 40분 튼다.

건조 POINT

이상적인 2차 발효(최종 발효) 환경은 온도 38도, 습도 85%입니다. 온도와 습도를 유지하며 건조하려면 사실 전용 기계가 필요합니다. 집에서는 발포 스티로폼이나 수납장으로 적합한 환경을 만들 수 있습니다. 40도 정도의 뜨거운 물을 조금 뿌리고 팬 위에 뚜껑을 덮으면 OK.

2

크기가 3배 정도 되었다면 건조를 끝낸다. 이 사이에 오븐을 210도로 예열해 둔다.

굽기 POINT

9분간 구워서 노릇한 색을 띠면 알맞게 익은 것입니다. 오븐의 온도가 낮으면 제대로 익지 않고, 굽는 시간이 길어지면 반죽이 퍼석해집니다.

3

솔로 균일하게 달걀물을 바른다. 이때 솔 끝을 세우지 않도록 주의한다. 예열한 오븐에서 약 9분 동안 굽는다.

완성!

Arrange1 :

비엔나 롤

비엔나소시지를 버터 롤
반죽으로 감으면 간식 완성!
출출할 때 먹으면 딱 좋아요.

재료 6개 분량

버터 롤 반죽 …… 124쪽 전량의 1/4
비엔나소시지 …… 6개

Arrange2 :

햄 롤

버터 롤 반죽이 모두에게
사랑받는 햄 롤로 변신했어요.
꼭 기억해 두고 싶은
성형 방법이지요.

재료 6개 분량

버터 롤 반죽 …… 124쪽 전량의 1/4
햄 …… 6장
마요네즈 …… 적당량

Arrange1 : 비엔나 롤

성형~건조·2차 발효~마무리

01 재료 준비(124쪽)~06 벤치 타임(128쪽)까지는
버터 롤 공정과 같습니다.

1 버터 롤과 마찬가지로 밀가루(분량 외)를 뿌린 반죽을 준비하고 밀대로 위아래 밀어 준다.

2 둥글게 늘린 반죽을 한가운데 중심으로 모아 접어서 봉 모양으로 만든다.

3 작업대 위에서 손바닥 끝으로 반죽을 꾹꾹 누르며 길게 늘인다.

4 비엔나소시지를 반죽으로 감싼다. 반죽의 처음과 끝부분은 소시지가 빠지지 않도록 꽉 붙인다.

5 시작 부분과 끝부분의 위치를 잘 맞춰서 이음매가 밑으로 가게 두면 성형이 완료된다. 팬에 쇼트닝을 바르거나 오븐용 시트를 깔아 둔다.

6 팬에 나열하여 2차 발효(최종 발효)한다. 이때 오븐을 210도로 예열해 둔다. 부풀어 올랐으면 달걀물을 바르고 가로로 윗부분에 살짝 칼집을 내어 9분간 굽는다.

Arrange2 : 햄 롤

성형~건조·2차 발효~마무리

01 재료 준비(124쪽)~06 벤치 타임(128쪽)까지는
버터 롤 공정과 같습니다.

1 버터 롤과 동일하게 밀가루(분량 외)를 뿌린 반죽을 햄 크기에 맞춰서 둥근 모양이 되도록 위아래로 민다. 위에 햄을 한 장 올린다.

2 반죽과 햄을 안쪽부터 만다.

어떤 재료와도 잘 어울리는 성형

이 성형 방법은 어떤 재료와도 잘 어울려서 기억해 두면 편리합니다. 햄 외에도 좋아하는 재료를 넣어 성형해 보세요. 베이컨, 초콜릿, 땅콩 크림 등을 자유롭게 넣어서 만들어도 좋아요.

3 다 감싸고 난 부분을 세로로 두고 반으로 접는다.

4 접힌 부분에서 3/4 정도까지 세로로 칼집을 내고 살린 부분을 펼친다. 팬에 쇼트닝을 바르거나 오븐용 시트를 깔아 둔다.

5 펼친 부분을 위로 향하게 하고 팬에 나열하여 2차 발효(최종 발효)한다. 이때 오븐을 210도로 예열해 둔다. 부풀어 오르면 달걀물을 바르고 중앙에 마요네즈를 짜서 9분 동안 굽는다.

Arrange 3 :

단팥빵

기본적인 단팥빵도 버터 롤 반죽으로
만들 수 있습니다.
따끈따끈할 때 먹어 보세요.

재료 6개 분량

버터 롤 반죽 …… 124쪽 전량의 1/4
단팥 …… 240g
포피 시드 …… 적당량
샐러드유 …… 적당량

Arrange 4 :

크림빵

아이들에게 인기 만점인
크림빵도 버터 롤 반죽으로
만들 수 있습니다.
간식으로 안성맞춤이에요.

재료 6개 분량

버터 롤 반죽 …… 124쪽 전량의 1/4
커스터드 크림 …… 240g
샐러드유 …… 적당량

Arrange 3 : **단팥빵**

성형~2차 발효~마무리

01 재료 준비(124쪽)~06 벤치 타임(128쪽)까지는
버터 롤의 공정과 같습니다.

1

버터 롤과 동일하게 밀가루(분량
외)를 뿌린 반죽을 조금 두툼하
고 둥글게 눌러서 편다. 손으로
반죽을 잡고 단팥 40g을 채운다.

2

만두를 만들듯이 주변 반죽을 비
틀어 모아 준다.

3

2의 모아 준 부분의 반대쪽을 젖
은 행주로 살짝 적신 후 볼에 담
긴 포피 시드에 가볍게 톡톡 찍
는다.

4

쇼트닝을 바르거나 오븐용 시트
를 깐 팬에 포피 시드가 붙은 면
을 위로 두고 손바닥으로 살짝 누
른다.

5

검지로 한 번 누른 다음, 엄지로
반죽의 중심에 홈을 팬다.

6

이 상태로 2차 발효(최종 발효)
한다. 이때 오븐을 210도로 예열
해 둔다. 부풀어 올랐다면 그대
로 9분 동안 굽는다.

7

다 구워지면 샐러드유를 적절히
발라서 광택을 낸다.

2차 발효 확인 방법

2차 발효(최종 발효)가 잘됐는지 아닌
지 확인하기 위해서는 표면을 살짝 만져
져 봅니다. 폭신한 질감으로 만졌던
흔적이 그대로 남으면 적절한 발효 상
태입니다. 반죽이 다시 원래대로 돌아
가면 조금 더 기다립니다.

Arrange 4 : **크림빵**

성형~2차 발효~마무리

01 재료 준비(124쪽)~06 벤치 타임(128쪽)까지는
버터 롤 공정과 같습니다.

1

버터 롤을 만들 때와 마찬가지
로 밀가루(분량 외)를 뿌린 반죽
을 밀어서 양 끝을 살짝 두툼한
상태로 만든다. 커스터드 크림을
중앙에 40g씩 올린다.

2

크림을 올린 반죽을 조금씩 잡아
당기면서 안쪽으로 접는다. 접고
나서 스크레이퍼로 세 부분에 칼
집을 낸다. 팬에 쇼트닝을 바르
거나 오븐용 시트를 깔아 둔다.

3

팬에 늘어놓고 2차 발효(최종 발
효)한다. 이때 오븐을 210도로 예
열해 둔다. 부풀어 오르면 그 상
태로 9분 동안 굽는다. 다 구워지
면 샐러드유로 겉에 광택을 낸다.

빵집의 기본 빵 만들기

식빵 : 스트레이트법

빵집에서 기계로 빵을 만들 때는 한 번에
많은 빵을 만듭니다. 지금부터
세 타입의 식빵을 만들어 봅시다.
집에서 만들기 어려운 방법이지만
빵 반죽기만 있다면 충분히
따라 할 수 있습니다.
반드시 분량과 크기를
조정해 주세요.

01
재료 준비

세 봉우리 식빵 6개 분량
(원로프 타입 1개, U자 타입 2개,
영국식 식빵 타입 3개 분량)

강력분 ······ 6,000g
빵효모(생 이스트) ······ 120g
설탕 ······ 360g
소금 ······ 120g
탈지분유 ······ 60g
쇼트닝 ······ 240g
물 ······ 4,080ml

02 재료 섞기

1

설탕과 탈지분유를 섞는다. 물 500ml에 빵효모를 넣고 잠시 후에 현탁한다. 쇼트닝은 실온에서 녹여 놓는다.

2

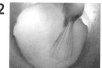

남은 물을 볼에 넣는다. 볼에 섞어 두었던 **1**의 설탕과 탈지분유, 소금을 넣고 거품기로 섞는다.

3

볼에 가루를 전량 넣고 **1**의 빵효모를 넣는다.

4

반죽이 살짝 질척입니다. 안에 글루텐 덩어리가 생긴 상태예요.

재료가 흩날리지 않도록 처음에는 믹서기로 천천히 3분 정도 섞는다. 그 다음 고속으로 2~3분 반죽한다.

5

수화 작용이 거의 끝나갈 즈음에 쇼트닝을 넣는다. 반죽 밑으로 가라앉도록 반죽을 위에 덮는다.

6

반죽은 글루텐이 70% 정도 형성된 상태. 겉에 얇은 막이 생겨 늘어납니다.

저속으로 1분, 고속으로 2~3분, 반죽의 상태를 확인하고, 한 번 더 2~3분, 총 6~7분을 반죽한다. 온도계를 반죽에 꽂고 반죽 온도가 27도가 되었는지 확인한다.

03 1차 발효·펀치

1

트레이 같은 큰 용기에 반죽을 넣고 약 27도에서 90분 동안 1차 발효를 한다. 1차 발효가 끝나면 반죽을 손가락으로 눌러 본다.

2

손가락으로 누른 흔적이 원래대로 돌아오지 않으면 발효가 잘 된 상태이다.

3

밀가루(분량 외)를 뿌린 작업대에 반죽을 펼쳐 놓고 3절 접기를 한다.

4

방향을 바꿔서 한 번 더 3절 접기를 한다. 용기에 다시 옮기면 펀치 과정은 끝난다.

5

믹싱과 발효로 부푼 글루텐이 서로 엉키면서 반죽이 완성된 것을 알 수 있다. 30분을 더 발효시킨다.

04 분할·벤치 타임

1

펀치 후 30분을 발효하여 크기가 대략 2배 정도 커지면 발효가 완료된다.

2

스크레이퍼를 사용하여 반죽을 1,560g(원로프 타입 각형 식빵용) 1개, 남은 것을 260g(U자 타입 각형 식빵, 영국식 식빵 타입 산형 식빵) 30개로 잘라 낸다(사진에서는 대저울을 사용했다).

3

분할한 다음 둥글게 모양을 잡는다. 왼쪽이 원로프 타입 각형 식빵용 반죽이고, 오른쪽이 U자 타입 각형 식빵, 영국식 식빵 타입 산형 식빵용 반죽이다. 벤치 타임은 20분이다.

1차 발효가 끝난 반죽은 예쁘게 부풀어요! 이 통통한 느낌이 폭신폭신한 빵의 비결인 셈이지요.

05 성형·2차 발효(최종 발효)

각형 식빵 : 원로프 타입

1

1,560g의 반죽을 준비하고 밀가루(분량 외)를 뿌린 뒤 작업대로 옮긴다.

2

전체 반죽을 밀대로 민다. 반죽이 두껍기 때문에 얇게 밀지 않는다.

3

끝부터 돌돌 만다.

4

손으로 밀면서 틀의 폭에 맞춰 반죽을 성형한다. 틀에 쇼트닝을 발라 둔다.

5

틀에 넣고 온도 38도, 습도 85%로 45분간 2차 발효(최종 발효)한다. 오븐은 210도로 예열해 둔다.

각형 식빵 : U자 타입

1

260g의 반죽을 6개 준비하고 위에 밀가루(분량 외)를 뿌린 다음, 작업대로 옮긴다.

2

각각의 반죽을 밀대로 민 다음 돌돌 말아 준다.

3

손으로 굴리면서 25cm 정도 막대 모양으로 만든다.

4

막대 모양이 된 반죽을 반으로 접는다. 틀에 쇼트닝을 발라 둔다.

5

반으로 접은 반죽을 눕혀서 서로 다른 방향으로 틀에 넣는다. 원 로프 타입의 반죽과 같은 환경에서 2차 발효(최종 발효)한다. 오븐은 210도로 예열해 둔다.

산형 식빵 : 영국식 식빵 타입

1

260g의 반죽을 6개 준비하고, 위에 밀가루(분량 외)를 뿌린 다음 작업대로 옮긴다.

2

밀대로 반죽을 펴고 안쪽부터 부드럽게 감싸서 말아 준다.

3

이 정도 크기가 적당하다. 영국식 식빵의 봉우리 부분이 되는 가운데 반죽은 살짝 두껍게 만든다.

4
반으로 접어서 아래를 꽉 누른다. 틀에 쇼트닝을 발라 둔다.

5
구부러진 부분이 위쪽으로 오도록 틀에 넣고 차례로 늘어놓는다. 원 로프 타입의 반죽과 같은 환경에서 조금 길게 2차 발효(최종 발효)한다. 오븐은 210도로 예열해 둔다.

> **POINT**
> 발효 시간은 각형 식빵보다 길게 잡아야 합니다. 반죽의 윗부분이 빵 틀의 상단에서 약 3cm 정도 위까지 부풀어 오르는 것이 기준입니다. 또한 영국식 식빵의 성형은 반죽을 길쭉한 상태에서 접는 방식 말고도, 주무르면서 둥글게 만드는 방식, 봉우리 개수를 3개, 또는 4개로 성형하는 방식 등 아주 다양합니다.

06 굽기

1

각형 식빵 : 원로프 타입

각형 식빵 : U자 타입

산형 식빵 : 영국식 식빵

반죽이 이렇게 부풀었으면 발효를 끝낸다. 뚜껑을 닫고(영국식 식빵 제외)
예열한 오븐에 넣어 40분 동안 굽는다.

2

오븐에서 꺼내어 식빵 위의 뚜껑
을 뺀다.

완성!

3

틀의 바닥을 작업대에 내리치
는 동작('쇼크'라고 부른다)을 반
복하면서 재빨리 식빵을 꺼낸다.
이렇게 하면 허리가 끊어지는 현
상*을 막을 수 있다. 식힘망 위
에서 식힌다.

*허리가 끊어지는 현상 : 캐이빙
Caving 현상이라고도 부른다. 빵을
구운 후에 빵의 옆이나 위가 옴폭
패인 것을 말한다.

About Bread

반죽의 성형 방법과 식감

빵 성형은 빵의 형태를 만드는 것뿐만 아니라 빵 속 기포의 형태와 수를 조절하고,
원하는 식감을 만드는 것이 목적입니다. 식빵을 예로 들어, 식감의 차이를 알아봅시다.

구워진 형태나 색깔을 보면 어떻게 성형했는지 알 수 있다.
왼쪽이 원로프 타입 식빵, 오른쪽이 U자 타입 식빵이다. 통
식빵을 구입할 때는 형태로 제조법을 판단한다.

앞에서 소개한 세 타입의 식빵, 각형 식빵 2종류(원로프 타입, U자 타입)와 산형 식빵은 성형 방법이 각각 다릅니다.

성형 방법이 다른 각형 식빵 2종류를 살펴보면(오른쪽 아래 사진 참조), 단면의 형태(기포 구조)가 다릅니다. 위의 원로프 타입 식빵은 하나의 반죽을 늘려서 만들어 성형이 단순합니다. 성형할 때 기포 분할이 적기 때문에 기포 자체가 적고 기포 막이 두터워집니다. 한편 아래의 U자 타입 식빵은 성형에 시간이 걸립니다. 그 시간에 따라 기포가 많아지거나 기포 막이 얇아지는 것이지요.

그럼 식감은 어떻게 바뀔까요? 원로프 타입 식빵은 기포 막이 두터운 만큼 퍼석퍼석한 식감으로 풍미가 떨어집니다. U자 타입 식빵은 기포 막이 얇은 만큼 부드러운 식감이 형성됩니다. 부드러운 식감을 위해 시간과 정성이 훨씬 많이 필요한 U자 타입의 제조법을 택하는 경우가 많습니다.

또한 산형 식빵은 뚜껑을 덮지 않고 굽기 때문에 각형 식빵보다 반죽이 세로로 늘어납니다. 동시에 기포도 세로로 길어지기 때문에 보다 가볍고 탄력 있는 식감이 탄생합니다.

이렇듯 식감을 고려한 연구는 지금도 여전히 진행 중입니다.

위의 식빵은 원로프 타입으로 기포가 정중앙을 중심으로 원 모양이고 거칠다. 아래의 U자 타입 식빵은 기포가 촘촘해서 폭신하고 부드러운 식감이다.

빵집 견학

빵집의 기본 빵 만들기

프랑스빵 : 오토리즈 반죽법

프랑스빵은 하나의 반죽으로 다양한
변형이 가능합니다. 바게트도 빵집마다
천차만별이지요. 집에서 만들 때는
반죽기를 준비하고 분량과 크기를
조정해 주세요.

01
재료 준비

프랑스빵 14개 분량
(바타르 3개, 쿠페 3개, 불 3개,
바게트 3개, 에피 2개)

프랑스빵 전용 가루 …… 3,000g
빵효모(인스턴트 드라이이스트)
…… 18g
몰트 시럽 …… 9g
소금 …… 60g
물 …… 2,040ml

02 재료 섞기

1 볼에 물과 몰트 시럽을 넣는다.

2 프랑스빵 전용 가루를 전량 넣는다.

3 믹서기 저속 모드로 4분 동안 반죽한다.

4 이 정도로 반죽되었다면 30분 정도 숙성시킨다.

5 30분이 지나면 반죽이 부드럽게 늘어난다.

6 소금과 빵효모를 넣는다.

오토리즈 Autolyse 반죽법이란?

재료를 한 번에 섞지 않고 위에 적힌 것처럼 물과 몰트 시럽, 가루를 섞고 반죽을 30분 정도 숙성시킨 다음, 다른 재료와 섞는 방법을 말한다. 프랑스빵이 기포가 적게 만들고 싶다면 믹싱의 빈도를 줄이는 방법도 있지만, 그러면 반죽이 잘 늘어나지 않는다. 그럴 때 오토리즈 반죽법을 쓰면 좋다.

Check POINT
반죽의 공정이 비교적 간단한 대신 반죽이 두텁게 늘어납니다.

7 저속으로 6분 반죽하고 중속으로 1~2분 반죽한다. 온도계를 반죽에 꽂고 반죽 온도가 23도인지 확인한다.

03 1차 발효·펀치

1 트레이 같은 큰 용기에 반죽을 넣고 27도에서 90분 동안 1차 발효를 한다. 1차 발효가 끝나면 손가락으로 반죽을 눌러서 발효 상태를 확인한다.

2 손가락으로 누른 흔적이 빠르게 돌아오면 강하게 펀치 작업을 한다. 밀가루(분량 외)를 뿌린 작업대로 옮겨서 3절 접기를 한다.

3 방향을 바꿔서 한 번 더 3절 접기를 하고 위에서 누른다(강하게 펀치). 다시 45분 동안 발효시킨다.

04 분할·벤치 타임

1

벤치 타임 후에 45분 정도 발효
시키면 발효가 완료된다.

2

스크레이퍼로 반죽을 350g씩 자
른다(사진에서는 대저울을 사용
했다).

POINT
프랑스빵의 반죽은 반죽하
는 횟수가 적기 때문에 잘
늘어나지 않아서 망가지기
쉽습니다. 따라서 다른 빵
보다 벤치 타임을 오래 가
져야 합니다.

3

분할한 다음, 부드럽게 모양을 만든다. 왼쪽은 바타르·쿠페용, 중앙은 바게트·에피용, 오른쪽은 불용
반죽이다. 벤치 타임은 30분이다.

05 성형·2차 발효(최종 발효)

바타르·쿠페

1

손바닥으로 두드리듯이 반죽을
가로로 넓적하게 편다.

2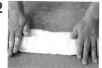

안쪽에서 바깥쪽으로 절반 접는다.

3

바깥쪽에서 안쪽으로 한 번 더 접
어서 심을 만든다.

4

손바닥 끝으로 반죽을 누르면서
막대 모양으로 성형한다. 손으로
밀면서 바타르는 42cm, 쿠페는 바
타르보다 짧게 만든다.

반죽할 때 주의할 점!
반죽을 성형할 때는 위에서 누르지
말고 손바닥 끄트머리로 반죽의 표
면을 팽팽하게 만듭니다. 손바닥 전
체를 사용하면 반죽이 찌그러지므
로 NG.

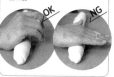

5

캔버스 천 위에 마무리한 부분
을 밑으로 하여 올려 둔다. 온도
27도, 습도 75%에서 80분 동안
2차 발효(최종 발효)를 한다.

불

1. 손바닥으로 반죽 전체를 둥글넓적하게 편다.

2. 반으로 접은 다음 한 번 더 가로로 접는다.

3. 반죽을 다듬으면서 안쪽으로 약간 비트는 듯한 동작을 반복하며 성형한다.

4. 강력분(분량 외)을 뿌린 바네통에 반죽을 넣는다. 바타르와 같은 환경에서 2차 발효(최종 발효)한다.

바게트·에피

1. 손바닥을 사용해서 반죽을 길고 넓적하게 편다.

2. 반죽을 안쪽으로 2절 접기한다.

3. 이번에는 바깥쪽으로 2절 접기한다.

4. 손바닥 끝을 사용해서 안쪽으로 반죽을 감싸듯이 문지르며 심을 만든다. 2번 반복하면서 막대 모양으로 성형한다.

5. 손으로 살살 밀면서 72cm까지 늘인다.

6. 캔버스 천 위에 마무리한 부분을 밑으로 하여 올려 둔다. 바타르와 같은 환경에서 2차 발효(최종 발효)한다.

06 쿠프 넣기·굽기

1

바타르
쿠프를 3개 넣는다.

2

쿠페
쿠프를 2개 넣는다.

3

불
바네통을 뒤집어서 반죽을 꺼내고 쿠프를 4개 넣는다.

4

바게트
쿠프를 7개 넣는다.

쿠프 나이프 사용법
반죽에 사선(45도 각도)으로 칼집을 냅니다. 쿠프가 아름답게 꽃피려면 사선으로 나이프를 넣는 작업이 중요합니다.

5

에피
가위를 비스듬히 눕혀서 자르고 좌우로 넘어뜨리듯이 성형한다.

6 210도로 예열한 오븐에 분무기로 스팀을 넣는다. 반죽을 넣고 약 30분 동안 굽는다(빵집에서는 스팀 기능을 갖춘 오븐을 사용하는 경우가 많고, 굽기 온도는 오븐에 따라 다르다).

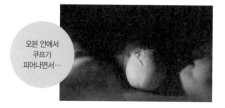

오븐 안에서 쿠프가 피어나면서…

완성!

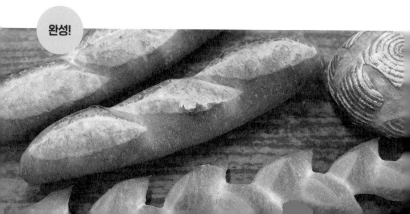

Part 3

빵을
가장 맛있게
즐기는 방법

빵을 맛있게 먹는 요령

가루, 빵효모, 물, 소금으로만 만든 린 타입 빵과 설탕이나 버터가
듬뿍 들어간 리치 타입 빵은 다루는 방법이 각각 다릅니다.

자르는 방법

자르는 방법이 적절하지 못하면 모양은 물론, 식감도 망칠 수 있습니다.
빵 종류에 알맞게 자르면 훨씬 맛있게 먹을 수 있습니다.

 ● **반죽을 찌그러트리지
않도록 주의한다**

[크루아상, 데니시]

반죽의 섬세한 층이 무너지지 않도록 칼날을
살짝 대서 천천히 크게 자릅니다. 칼을 세로
로 넣어서 자르면 겹겹이 층진 단면을 즐길
수 있습니다.

[산형 식빵]

산형 식빵은 식빵 밑부분이 정면으로 보이도
록 옆으로 눕혀서 자르면 산봉우리처럼 봉긋
올라온 부분이 찌그러지지 않으며 두께도 균
등하게 자르기 쉽습니다.

 ● **기포의 방향에도
신경을 쓴다**

[바게트, 바타르 등]

쿠프가 갈라진 부분에 방향을 맞춰서 자르면
나이프의 칼날이 빵 결에 걸리기 때문에 쉽
게 자를 수 있습니다.

[프랑스나 독일의 소형 빵]

수평으로 자르면 둥근 기포 면 덕에 질긴 식
감이 없어집니다(106쪽 참조).

[호밀빵]

안의 곡물이 칼날에 남으므로, 자를 때마다
칼날을 닦으면 단면을 깔끔하게 유지할 수
있습니다.

※린 타입, 리치 타입을 불문하고 갓 구운 빵을 따끈한 상태에서 자르면 전분의 유동성이 높아 빵 속이 찌그러집니다. 식히는 시
간은 빵의 크기나 종류에 따라 다르지만 식빵의 경우, 2시간 정도 식히고 나서 자릅니다.

데우는 방법

데우는 방법도 식감을 크게 좌우합니다.
오븐 토스터와 전자레인지를 사용해 봅시다.

 ● 따뜻하게 먹고 싶다면
짧은 시간 데운다

리치 타입의 빵은 버터나 달걀이 타 버리지 않도록 알루미늄 포일로 감싼 다음, 오븐 토스터로 단시간 데웁니다. 전자레인지를 사용해도 좋지만 고무처럼 질겨질 수 있으므로 지나치게 데우지 않도록 주의합니다.

 ● 분무기 준비하는 것을
잊지 않는다

린 타입의 빵은 한 번 분무기로 물을 뿌린 다음, 따뜻하게 데우면 속은 촉촉하고 겉은 바삭하게 완성됩니다. 식은 상태에서 오븐 토스터로 데우면 기계 안에서 온도가 채 올라가기 전에 빵이 푸석푸석해지기 때문에 반드시 오븐 토스터를 예열해 두는 것이 좋습니다.

 ● 경우에 따라 적절하게
전자레인지를 사용한다

빵을 자르지 않고 냉동했다면 미리 전자레인지로 데웁니다. 전자레인지로 살짝 해동한 다음 오븐 토스터로 구우면 굽는 시간이 짧아지고, 빵 속이 녹기도 전에 타 버리는 현상을 막을 수 있습니다.

먹기 쉬운 크기로 냉동했을 때는 분무기로 물을 뿌리고 오븐 토스터로 구워 봅시다.

보존 방법

바로 먹을 수 없는 빵은 냉동 보관합시다.
냉동하면 1개월 안에 먹어야 합니다.

 ● 빵의 종류에 따라
랩을 씌운다

빵을 구입한 날에 다 먹지 못한다면 냉동을 합시다. 소형 빵은 하나씩 랩으로 감싸고 밀봉할 수 있는 냉동 팩에 넣어서 냉동고에 넣습니다. 크루아상 등 데니시 타입은 층이 벗겨지기 쉽기 때문에 랩으로 감싸지 말고 여러 개씩 밀봉할 수 있는 냉동 팩에 넣습니다.

 ● 2일 이상 보관하려면
냉동고에 넣는다

바게트 같은 빵은 다음 날까지 다 먹을 수 있다면 종이봉투에 넣어 둡니다. 종이봉투 위에 행주를 덮어 두면 빵이 마르는 것을 막을 수 있습니다. 또한 빵이 완전히 식었을 때 비닐봉지에 바꿔 담으면 건조되는 현상을 더욱 잘 막을 수 있습니다. 공기가 들어가지 않도록 입구는 꽉 조여 맵니다. 이틀 이상 보관하려면 리치 타입의 빵과 마찬가지로 냉동고에 넣습니다.

호밀빵은 호밀이 50% 이상 배합된 경우 통기성이 좋은 봉투에 넣어 두면 2, 3일은 맛이 그대로 보존됩니다. 그 이상 보관해야 할 때는 바게트와 마찬가지로 냉동고에 넣는 것이 좋습니다. 먹을 때는 실온에서 해동하는 편이 맛있습니다.

빵 칼이 있으면 편리해요!

캄파뉴처럼 대형 빵을 자를 때나 깔끔하게 빵을 자르고 싶을 때는 빵 전용 칼을 사용해 보세요. 물결 모양의 칼날이 빵의 결과 부드럽게 마찰하면서 쓱 잘립니다. 칼날을 불에 살짝 가열한 다음 자르면 빵이 더욱 잘 잘린답니다.

빵 칼의 길이는 자주 먹는 빵보다 긴 것을 고릅니다. 그리고 조금 무게감 있는 칼이 안정적으로 다루기 좋습니다.

삼시 세끼 빵을 즐기다

아침 점심 저녁 식사에 맞는 빵과 먹는 방법은 따로 있습니다.
때로는 주인공으로, 때로는 조연으로 활약하는 빵의 매력에 흠뻑 빠져 봅시다.

아침·브런치

간편하게 영양 섭취를 하고 싶을 땐 빵을 추천합니다.
이른 아침 뇌에 필요한 당분을 빵으로 채워 보세요.

자다 일어난 몸에 필요한 것은 뇌를 움직이는 포도당입니다. 빵은 소화 흡수가 빨라서 뇌에 당분을 신속하게 전달하기 때문에 뇌의 움직임이 빨라집니다. 당분이 포함된 과일도 아침에 먹으면 좋겠지요. 과일 잼을 빵에 발라서 간편하게 영양을 섭취해 보세요. 음식을 씹는 동작이 뇌에 자극을 주기 때문에 하드 계열 빵도 추천합니다.

아침 식사를 준비할 시간이 없다면 먹다 남은 반찬으로 든든한 한 끼를 만들어 봅시다. 빵에 카레나 스튜를 발라 굽거나 샐러드와 달걀 프라이, 버터를 살짝 발라 튀긴 고기인 소테Sauté 등을 넣고 샌드위치로 만들면 전날의 반찬이 근사한 메뉴로 탈바꿈합니다.

점심

들고 다니기 쉬운 빵은 도시락으로 제격이지요.
샌드위치로 만들어서 먹어 볼까요.

점심으로 샌드위치를 먹는 사람이 많습니다. 만들 때는 비교적 쉽게 망가지지 않는 식빵이나 하드 계열의 빵을 추천합니다. 크루아상처럼 부서지기 쉬운 빵은 밀폐 용기에 넣는 것이 좋습니다. 또한 호밀가루나 전립분을 사용한 빵을 고르면 식이 섬유가 풍부해서 속이 편한데다 미네랄 등의 영양분도 보충할 수 있습니다. 상하기 쉬운 음식이나 수분이 많이 포함된 재료는 피하고, 채소는 수분을 완전히 제거한 다음 샌드위치로 만들어야 합니다.

저녁을 먹기 전에 살짝 출출하다면 간식으로 과자 빵도 좋습니다. 빵 반죽이나 데니시 위에 과일과 크림을 얹은 과자 빵은 종류만 해도 수백 가지입니다. 계절마다 한정 판매되는 제철 과일의 맛을 빵과 함께 즐겨 보세요.

저녁

저녁 메뉴에 맞춰서 빵을 고릅니다.
술과 함께 먹으면 즐거움이 늘어납니다.

저녁 식사로는 메인 요리에 맞춰서 빵을 골라 보세요. 기본적으로 생선에는 바게트 같은 린 타입의 빵, 고기에는 호밀빵처럼 향이 짙은 것이 잘 어울립니다.
바게트에 생선회를 올리고 간장을 뿌리면 서양식 스시가 완성됩니다. 손님에게 대접할 메뉴로도 손색없습니다. 또는 장어 꼬치구이처럼 매콤한 맛에 호밀빵을 곁들여 먹는 것도 추천합니다. 호밀빵은 레드 와인과 찰떡궁합이지요. 어떻게 조합해서 먹어야 할지 고민된다면 요리와 빵의 국적을 맞춰서 먹는 것도 좋은 방법입니다.

간단한 응용 레시피

간식이나 술안주에 딱 좋은 빵 레시피를 소개합니다.
둘 다 몇 분이면 뚝딱 완성되는 메뉴입니다.

즉석 팽 오 쇼콜라

간식
❶ 쿠페나 피셀 등 작은 린 타입 빵(원하는 양)을 준비하고 칼집을 냅니다.
❷ 판 초콜릿(적당량)을 잘라 넣고 적당히 구워 줍니다.
❸ 초콜릿이 녹아서 빵 속에 스며들면 완성.

참치 타르틴

술안주
❶ 바게트 같은 린 타입 빵(원하는 양)을 준비하고, 1cm 정도로 슬라이스해서 가볍게 구워 줍니다. 기포가 많고 씹는 맛이 가벼운 빵을 추천합니다.
❷ 다진 참치 회와 양파, 올리브유, 발사믹 식초, 간장(각 적당량)을 섞습니다.
❸ 빵 위에 ❷를 올립니다.

바르고 올려서
빵의 맛을 음미하다

빵과 재료의 조합으로 맛과 즐거움은 한층 배가 됩니다.
마음에 드는 조합을 찾아봅시다.

버터·마가린

빵의 단짝 친구입니다.
각각의 개성을 즐겨 보세요.

[발효 버터]

가벼운 산미와 풍부한 향, 감칠맛이 특징입니다. 최근에 인기가 많습니다. 발효 버터에도 유염, 무염이 있으며 유럽에서는 주로 무염 타입을 바게트에 발라 먹습니다. 견과류나 과일이 들어간 빵과도 잘 어울립니다.

[무발효 버터]

비교적 가벼운 맛의 무발효 버터는 일본에서 즐겨 먹는 버터입니다. 어떤 빵과도 잘 어울리고 간편하게 쓸 수 있기 때문에 버터 중에서도 가장 대표적이라고 할 수 있습니다. 럼주에 절인 건포도를 섞어서 레이즌 버터로 만들어도 맛있습니다.

[마가린]

마가린은 식물성 유지를 사용합니다. 버터보다는 풍미가 떨어지지만 부드럽고 쓰기 쉬우며 가격도 저렴합니다. 요즘에는 버터나 생크림과 풍미가 같은 다양한 상품이 판매되고 있으며, 칼로리를 줄인 상품도 인기입니다.

치즈

치즈는 향과 식감의 폭이 넓습니다.
빵과 함께 즐기는 것도 아주 잘 어울린답니다.

[흰 곰팡이 치즈]

'카망베르 치즈'로 대표되는 흰 곰팡이 치즈입니다. 표면은 곰팡이로 뒤덮여 있으며, 흰 곰팡이의 효소가 가운데를 중심으로 숙성해 갑니다. 맛은 크림 같습니다. 어떤 빵과 함께라도 거부감 없이 맛있게 먹을 수 있습니다.

[푸른곰팡이 치즈]

내부에 푸른곰팡이가 퍼져 있어서 풍미가 매우 강한 치즈입니다. '블루치즈'라고도 불립니다. 짭조름한 향이 강하게 풍기기 때문에 호밀빵처럼 개성이 강한 빵, 또는 맛이 뚜렷한 빵과 잘 어울립니다.

[경성 치즈]

오랫동안 숙성시킨 탓에 깊은 맛과 감칠맛이 있고, 고다 치즈와 에멘탈 치즈가 대표적입니다. 얇게 슬라이스해서 빵에 올리거나 생크림과 섞어도 맛있습니다.

[신선 치즈]

크림치즈, 코티지 치즈 등 부드러운 식감이 특징입니다. 빵에도 바르기 쉽고, 베이글이나 호밀빵과 함께 먹으면 맛이 좋습니다.

잼

새콤한 과일 맛뿐만 아니라 우유로 만든
잼까지 다양하게 즐겨 보세요.

[베리 계열 잼]

새콤함이 특징인 베리 계열 잼입니다. 특히
딸기 잼은 아이부터 어른까지 모두가 좋아하
는 잼이지요. 산미가 느껴지는 호밀빵에 새
콤달콤한 베리 계열의 다양한 잼을 발라서
함께 먹어 보세요.

[감귤 계열 잼]

오렌지 같은 감귤 계열의 과실로 만들어진
마멀레이드는 리치 타입 빵과 궁합이 아주
좋습니다. 버터를 넣으면 버터의 짭조름한
맛과 마멀레이드 특유의 쌉쓰레한 맛, 시큼
한 맛이 한데 어우러집니다.

[밀크 계열 잼]

우유를 달콤하게 졸인 우유 잼은 생 캐러멜
같은 맛으로 인기를 끌고 있습니다. 견과류
가 들어간 빵과 함께 먹으면 고소함이 한층
더 깊어집니다.

[크림 계열 잼]

초콜릿과 크림, 땅콩 잼은 베리가 들어간 빵
과 같이 먹으면 맛있습니다. 산미와 감칠맛
이 달콤함과 섞여 환상의 조화를 이룹니다.

벌꿀

풍미의 차이를 즐기고 싶다면 꿀도 좋겠지요.
치즈나 잼과 함께 발라서 먹어 보세요.

[아카시아 꿀]

아카시아 꿀은 꿀의 여왕이라고도 불리지요.
부담 없는 고급스러운 맛으로, 깔끔한 뒷맛
은 단순한 맛의 빵과 궁합이 좋습니다. 또한
어떤 치즈와도 맛이 잘 어울려서 맛있게 먹
을 수 있습니다.

[라벤더 꿀]

달달한 맛과 산뜻한 향이 특징인 라벤더에
서 추출한 꿀입니다. 유럽에서 특히 사랑받
고 있습니다. 풍부한 향을 즐기기 위해서는
바게트 같은 린 타입의 빵과 함께 먹는 것을
추천합니다.

[클로버 꿀]

작고 하얀 클로버의 꽃에서 추출한 꿀입니
다. 옅은 색과 강하게 풍기는 달콤한 향이 특
징입니다. 버터를 바른 갓 구운 토스트와 함
께하면 좋은 궁합입니다.

[밤 꿀]

밤 꿀은 색이 짙고 쌉쓸하면서도 깊은 맛이
있습니다. 견과류가 떠오르는 강한 향이 물
씬 풍기며 호밀빵과 함께 먹으면 좋습니다.
진한 치즈와 먹어도 맛있습니다.

수제 딥 소스로 맛을 재현하다

돼지고기 리예트

재료(만들기 쉬운 분량)
돼지고기 삼겹살 ····· 500g
당근 ····· 1/2개
양파 ····· 1/2개
마늘 ····· 3알
샐러드유 ····· 2큰술

A 부용Bouillon* ····· 1개
믹스 허브, 소금,
굵은 후추 ····· 각 1작은술
화이트 와인 ····· 200ml
물 ····· 500ml

만드는 방법
❶ 돼지고기는 한입 크기로, 당근과 양파는 2cm 크기로 깍둑썰기하고 마늘은 반으로 자른다.
❷ 테플론으로 가공된 프라이팬을 달군 다음, 돼지고기의 표면이 노릇해질 때까지 익히고 건진다.
❸ 샐러드유와 마늘을 넣은 압력솥에 알싸한 향이 풍기기 시작하면 당근과 양파를 넣고 볶는다.
❹ 여기에 ❷의 돼지고기와 A를 넣는다. 끓으면 거품을 떠내고 뚜껑을 닫아 압력(강)으로 20분간 가열한다.
❺ 건더기를 체로 걸러 내고 육수를 1/3 정도가 될 때까지 졸인다. 믹서기로 재료를 페이스트 상태로 만든 다음, 바짝 조린 육수를 붓고 얼음물에 식히면서 살살 저어 준다.

바질 앤 크림치즈

재료(2인분)
크림치즈 ····· 18g
(개별 포장 1개 분량)
바질 페이스트(시판용) ····· 2/3큰술
마요네즈 ····· 1큰술 많이
치즈 가루 ····· 1큰술 적게

만드는 방법
❶ 크림치즈를 실온에 두고 부드러워졌을 때 볼에 넣고 고무 주걱으로 페이스트처럼 만든다.
❷ ❶의 볼에 바질 페이스트, 마요네즈, 치즈 가루를 넣고 섞는다.

블루치즈 딥

재료(2인분)
블루치즈 ····· 25g
요구르트 ····· 2큰술
마요네즈 ····· 1큰술 많이
굵은 후추 ····· 적당량

만드는 방법
❶ 내열성 그릇에 블루치즈를 넣고 전자레인지로 조금 녹인 후에 저어 준다.
❷ ❶의 열이 식으면 요구르트, 마요네즈를 넣어서 잘 섞는다.
❸ 그릇에 담아 굵은 흑후추를 뿌린다.

당근과 오렌지 딥

재료(2인분)
당근 ····· 1/2개
오렌지 ····· 1/2개

A 샐러드유 ····· 1큰술
화이트 와인 비네거
(없다면 식초) ····· 1/2큰술
설탕 ····· 조금
소금 ····· 적당량

만드는 방법
❶ 당근은 채를 썬다. 오렌지는 두꺼운 겉껍질을 벗기고, 속껍질도 벗겨서 과실만 도려 낸다.
❷ 볼에 ❶의 당근과 A를 넣고 맛이 배어 들도록 한데 섞는다. 마지막으로 오렌지를 넣어 꼼꼼히 섞은 다음, 1~2시간 냉장고에 둔다.

*부용 : 고기나 채소를 끓여 만든 육수.

단호박 크림

재료(2인분)
단호박 ······ 70g
크림치즈 ······ 18g
(개별 포장 1개 분량)
벌꿀 ······ 1/2큰술
잣 ······ 5g
우유 ······ 취향껏 적당량

만드는 방법

❶ 단호박은 씨앗과 뚜껑을 파내고 껍질도 벗겨서 5㎜ 두께로 자른다. 크림치즈는 실온에 둔다.

❷ ❶을 접시에 나열하고 전자레인지에서 약 2분 정도 가열한다. 젓가락이 쑥 들어가면 매셔로 으깬다.

❸ 단호박의 잔열이 식으면 꿀을 넣고 섞은 다음 크림치즈, 잣, 우유를 취향껏 넣고 고무 주걱으로 한데 섞는다.

❹ 그릇에 담아 잣(분량 외)을 곁들인다.

산뜻한 밀크 크림

재료(2인분)
요구르트 ······ 100g
생크림 ······ 50g
연유 ······ 1큰술 조금

만드는 방법

❶ 머그잔처럼 깊이가 있는 용기에 커피 필터를 끼우고 요구르트를 채워서 냉장고에 2시간 이상 넣어 놓고 수분이 빠질 때까지(약 반량이 된다) 기다린다.

❷ 불에 생크림을 넣고 얼음물로 식히면서 8분 동안 거품을 낸다.

❸ ❶의 요구르트에 연유를 넣고 매끈해질 때까지 저은 다음 ❷의 볼에 넣어 섞는다.

마스카르포네 앤 메이플 호두

재료(2인분)
요구르트 ······ 1큰술 많이
호두 ······ 20g
마스카르포네 치즈 ······ 60g
메이플 시럽 ······ 1큰술

만드는 방법

❶ 머그잔처럼 깊이가 있는 용기에 커피 필터를 끼우고 요구르트를 채워서 냉장고에 2시간 이상 넣어 놓고 수분이 빠질 때까지(약 반량이 된다) 기다린다. 프라이팬에 살짝 볶은 호두를 칼로 큼직하게 부순다.

❷ 볼에 ❶과 마스카르포네 치즈를 넣고 고무 주걱으로 섞는다.

❸ 그릇에 담아서 메이플 시럽을 뿌리고 호두(분량 외)를 뿌린다.

망고 앤 크림치즈

재료(2인분)
크림치즈 ······ 18g(개별 포장 1개 분량)
말린 망고 ······ 25g(3개 정도)
요구르트 ······ 2큰술 많이

만드는 방법

❶ 실온에 둔 크림치즈가 부드러워지면 볼에 넣어 고무 주걱으로 페이스트처럼 만든다.

❷ 말린 망고는 5㎜ 두께로 깍둑썰기하고 요구르트와 섞는다.

❸ ❶의 볼에 ❷의 망고와 요구르트를 넣어서 고무 주걱으로 잘 저어 준다.

빵도 두 배, 맛도 두 배

식빵 피터샌드

재료(2인분)

식빵(두께 2.4㎝ 정도) …… 2개
베이컨 …… 3장
양상추 …… 2장
단호박 크림(153쪽 참조) …… 적당량

만드는 방법

❶ 식빵을 대각선으로 반 자르고, 가운데를 수평으로
칼집을 내서 포켓처럼 만든다.

❷ 베이컨의 길이를 반으로 자르고 바싹 구워질 때까
지 프라이팬에 볶는다. 양상추는 한입 크기로 적당
히 찢어 놓는다.

❸ ❶의 빵을 오븐 토스터에서 노릇해질 때까지 굽고
포켓 부분에 양상추, 베이컨, 단호박 크림을 채운다.

호밀빵 커피 프렌치토스트

재료(2인분)

호밀빵(미슈브로트 등) ······ 100g
인스턴트커피 ······ 1/2큰술
뜨거운 물 ······ 1큰술
우유 ······ 60cc
설탕 ······ 2큰술 많이
달걀 ······ 1개
슈거 파우더 ······ 적당량

만드는 방법

❶ 빵 껍질 부분을 잘라 낸 호밀빵을 1.5cm 크기로 깍둑썰기한다.

❷ 인스턴트커피를 뜨거운 물에 녹여서 우유, 설탕, 달걀을 넣고 잘 섞는다. 잘 섞였으면 속까지 스며들도록 ❶의 호밀빵을 담가 놓는다.

❸ 오븐 토스터에 알루미늄 포일을 깔고 ❷의 호밀빵을 늘어놓은 다음, 표면이 바삭해질 때까지 굽는다.

❹ 다 구워지면 그릇에 담고 슈거 파우더를 뿌린다.

바게트 수프(소파 데 아호)

재료(2인분)

바게트 … 2쪽	물 … 600cc
양파 … 1/6개	부용 … 1개
마늘 … 3~4알	소금, 굵은 후추
올리브유 … 3큰술	… 적당량
돼지고기 다진 것 … 50g	달걀물 … 1개
파프리카 파우더 … 1작은술	

만드는 방법

❶ 바게트와 양파는 1㎝ 두께로 깍둑썰 기하고 마늘은 얇게 저민다.

❷ 냄비에 올리브유를 두르고 ❶의 마늘 이 노릇해질 때까지 중불로 볶는다.

❸ 돼지고기, 양파, 바게트를 넣고, 돼 지고기 색깔이 노릇해질 때 파프리 카 파우더를 뿌려서 같이 볶은 다 음, 물과 부용을 넣어 강불에 한소 끔 끓인다. 약불에 10분 정도 조리고 소금과 굵은 후추로 간을 맞춘다.

❹ 달걀물을 넣어 저어 준다.

호밀빵과 야키토리 오픈 샌드위치

재료(2인분)

호밀빵(미슈브로트 등) … 2쪽
경수채 … 적당량
적양파(없으면 일반 양파) … 적당량
방울양배추 … 적당량
마요네즈 … 적당량
일본식 닭꼬치(야키토리·양념) … 4꼬치

만드는 방법

❶ 1㎝ 두께로 자른 호밀빵을 오븐 토 스터에 살짝 굽는다.

❷ 경수채는 2㎝ 폭으로, 적양파는 얇 게 슬라이스한다. 방울양배추는 뿌 리를 잘라 둔다.

❸ 호밀빵에 마요네즈를 얇게 바른다. 경수채를 밑에 깔고 꼬치에서 뺀 닭 꼬치, 적양파, 방울양배추를 차례로 올린다.

블루베리 빵과 구운 마시멜로 오픈 샌드위치

재료(2인분)
블루베리 빵(다른 건조 과일도 가능)… 2쪽
바나나 … 1/4개
마시멜로 … 10개
시나몬 파우더 … 취향껏 적당량

만드는 방법
❶ 베리 계열 빵은 2㎝ 두께로 자르고, 바나나는 5㎜ 두께로 자른다.
❷ 빵에 마시멜로를 얹어서 오븐 토스터에 마시멜로 표면이 노르스름해질 때까지 굽는다.
❸ 그릇에 ❷의 빵을 옮기고 그 위에 바나나를 얹은 다음, 취향껏 시나몬 파우더를 뿌린다.

크루아상과 딸기 트라이플

재료(2인분)
크루아상 … 1개
딸기 … 6개
밀크 크림(153쪽) … 적당량
민트(또는 처빌) … 취향껏 적당량

만드는 방법
❶ 크루아상은 한입 크기로, 딸기는 1/4 정도로 자른다.
❷ 그릇에 크루아상, 딸기, 밀크 크림을 알록달록하게 담고 취향껏 민트(또는 처빌Chervil)로 장식한다.

빵과 음료의 맛있는 관계

진정한 빵 덕후는 빵과 그에 어울리는 음료를 선택할 줄 압니다.
기대하지 않았는데 눈이 번쩍 뜨이는 조합을
여러분도 한번 찾아보세요.

술 Liquor

술과 빵은 모두 발효 식품이기 때문에 아주 잘 어울립니다.
술의 원료와 효모, 빵의 재료에 공통점이 있다면 더욱 맛있어집니다.

[소주]

소주와 빵이라니, 눈이 질끈 감기지만 사실 아주 잘 맞는 조합입니다. 보리소주에는 호밀빵, 고구마 소주에는 고구마 데니시, 쌀 소주에는 쌀가루로 만든 빵처럼 소주의 원료와 빵에 포함되는 재료를 맞추면 더할 나위 없는 한 쌍의 커플이 탄생합니다.

호밀가루나 전립분을 사용한 빵을 특히 추천한다. 독일과 핀란드에는 호밀가루로 만든 빵이 많다.

브레첼 외에 세이렌이나 미슈브로트도 추천한다. 팽 오 쇼콜라 등 초콜릿을 넣은 빵은 흑맥주와 먹으면 좋다.

[맥주]

보리로 만드는 맥주는 보리빵과 호밀빵 모두와 잘 어울립니다. 그중에서도 독일 빵이 단연 으뜸이겠지요. 독일에서 브레첼은 기본적인 맥주 안주입니다. 흑맥주의 진한 향은 카카오와 잘 어울리므로, 초콜릿을 사용한 빵과 함께 먹어 봅시다.

[청주]

사실 청주도 빵에 잘 어울리는 술입니다. 쌀누룩으로 만드는 주종을 사용한 단팥빵은 재료의 공통점 때문에 특히 궁합이 아주 좋습니다. 바게트에 생선회를 올린 카나페처럼 다양한 식재료를 마음껏 응용해 보세요. 린 타입의 빵은 청주의 깔끔한 목 넘김을 방해하지 않습니다.

단팥빵이나 린 타입 빵의 대표 주자인 바게트와 같이 먹으면 깔끔한 맛을 느낄 수 있다.

[레드 와인]

풀 바디 레드 와인과 어울리는 빵은 미슈브로트 같은 묵직한 빵입니다. 와인은 시큼한 호밀빵의 풍미와 잘 어울리지요. 또는 견과류나 건조 과일이 들어간 호밀빵도 좋습니다. 라이트 바디의 와인이라면 심플한 빵과 먹어도 깔끔한 목 넘김을 그대로 즐길 수 있습니다.

호밀빵과의 조합은 감동이다. 씹는 맛이 있는 호밀빵에 곁들여 보시라.

프랑스빵과 프랑스산 와인은 찰떡궁합. 발효종까지 신경 써서 고르는 것도 하나의 재미다.

[화이트 와인]

화이트 와인에 추천하는 빵은 바게트 같은 린 타입의 빵입니다. 식사에 곁들일 때도 어떤 재료든 잘 어우러집니다. 특히 생선 마리네를 추천합니다. 와인의 원료인 포도가 들어간 빵과도 궁합이 좋습니다. 건포도 빵이나 건포도로 발효한 르뱅종을 사용한 빵과 함께 먹어 보세요.

[샴페인]

상큼한 샴페인에는 과일이 들어간 빵이 어울립니다. 콜롬바나 슈톨렌이 대표적이지요. 평범한 빵에 신선한 과일을 올린 카나페도 추천합니다. 씁쓰레한 술에는 브리오슈나 데니시 등 리치 타입의 빵을 함께 먹으면 빵의 기름진 맛이 사그라지고 깔끔한 맛을 느낄 수 있습니다.

달달한 샴페인에는 과일이 들어간 빵을, 씁쓰레한 술에는 리치 타입의 빵을 같이 먹자. 손님맞이용 음식으로도 손색없다.

커피 Coffee

아침 식사나 간식의 기본 조합은 빵과 커피이지요.
산미와 쓴맛의 밸런스에 따라서 커피콩의 개성은 다양합니다.
그 맛과 어울리는 빵을 떠올려 보세요. 산미가 있는 커피에는
비슷하게 시큼한 빵을 선택합니다. 감칠맛이 느껴지는 달콤한 커피에는
똑같이 달콤한 빵을 곁들이면 더욱 깊은 맛을 즐길 수 있습니다.

커피의 종류·특징　　　　　**어울리는 빵**

산미가 강하다

킬리만자로
콜롬비아
하와이 코나

베리류나 크림치즈가 들어간
데니시(슈판다우 등), 크루아상,
머핀, 도넛, 시나몬 롤

깊은 맛이 강하다

브라질
만델링
베트남

견과류가 들어간 호밀빵
(슈바르츠발트브로트 등),
슈톨렌, 콜롬바, 파네토네

산미와 깊은 맛의 밸런스가 잘 맞다

블루마운틴
과테말라
모카 마타리

리치 타입 빵(브리오슈 등),
판도로, 초콜릿 코로네, 키슈,
슈거 러스크, 팽 오 레

홍차 Tea

홍차는 맛과 향의 변화가 다채로운 차입니다.
영국에서는 애프터눈 티로 빠지지 않지요.
향이 깊은 홍차에는 상큼한 과일 향의 파네토네나 훈제한 재료를
빵 속에 넣은 샌드위치 등 향이 풍부한 빵과 함께 먹어 보세요.
밀크티에는 반죽에 우유를 섞은 빵이나 크림을 얹은 데니시를 추천합니다.

홍차의 종류	특징	어울리는 빵	
아쌈	인도 북부. 추출했을 때 색이 진하고 향도 좋아 맛이 깊다. 밀크티로 만들면 또 다르게 즐길 수 있다.	과일 잼을 바른 토스트, 버터 롤, 크림빵	
다즐링	인도 북부. 풍부한 포도 향이 나서 머스캣 플레버Muscat Flavor라고 한다. 스트레이트로 마시는 것을 추천한다.	베리류의 빵, 크림치즈가 들어간 빵, 멜론빵	
실론	실론섬 남동부. 우바Uva라고도 불린다. 특유의 향이 적고 부드럽게 마실 수 있다. 스트레이트로 마시는 것이 좋다.	채소 샌드위치, 호밀빵	
얼그레이	향이 깊은 홍차로 유명하다. 감귤류인 베르가모트로 향을 입힌다.	바게트, 식빵, 브레첼	

다양하게 마시는 방법

밀크티	영국에서는 흔히 밀크티로 마신다. 부드러운 맛은 데니시 페이스트리와 잘 어울린다.	슈판다우, 팽 오 쇼콜라	
마살라 차이	계피와 생강 등 다양한 향신료를 넣어서 우려낸 밀크티이다. 인도에서 흔히 마시는 차 중 하나이다.	카레빵, 향신료를 넣은 빵, 난	

빵 관련 소품으로 채우는 즐거운 식탁

빵을 먹는 순간이 기다려지는 빵 전용 소품들입니다.
편집부의 추천을 모았습니다.

버터 케이스

슈퍼에서 산 버터 조각을 그대로 넣을 수 있는 사이즈. 케이스에 넣기만 해도 식탁은 그림이 된다. 도자기 제품은 닦기 좋다. '버터 케이스' Ⓔ

버터 그릇

그릇에 버터를 가득 채워서 꾹 눌러 담는다. 버터에 물을 조금 뿌리면 신선도가 유지된다. 참고 상품

버터 컬러

딱딱한 버터의 표면을 버터 컬러 Butter Curler로 잘라 내면 돌돌 말린 스트라이프 무늬의 버터가 완성된다. 카페에 온 듯한 기분을 느낄 수 있다. '버터 컬러 L형' Ⓓ

빵 케이스

갓 구운 빵을 갖고 다닐 수 있는 케이스. 100% 코튼의 캔버스라 습기가 차지 않으며, 더러워졌을 때는 통째로 세탁할 수 있다. '빵 박스' Ⓓ

빵 자르는 기계

빵을 균일한 두께로 자를 수 있는 도구. 홈 베이커리용으로 집에서 식빵을 굽는 이들에게 추천한다. '식빵 커트 가이드' Ⓒ

설명 끝에 적은 알파벳으로 174~175쪽의 '빵 관련 소품 협력' 가게 정보를 찾아볼 수 있습니다.

커트 보드

빵 가루가 홈에 떨어지는 빵용
커트 보드. 자른 빵을 그대로 얹
어서 접시로 활용해도 귀엽다.
'바게트 보드' **E**

식빵용 석쇠

식빵 사이즈의 석쇠. 가스 불로
통통하게 부푼 토스트를 만들 수
있다. 세라믹의 원적외선 효과로
가운데 부분까지 잘 익는다. '손잡
이가 달린 세라믹 석쇠' **A**

바게트 토트백

길이가 긴 본체에 손잡이가 한쪽
만 달려 있어서 길쭉한 빵도 충
분히 들어가는 토트백. 빵집에
가는 순간이 기다려질 것이다.
'BAGUETTE' **F**

브레드 워머

오븐에 살짝 데운 바구니 안에 빵
을 넣으면 식사 중에도 빵이 식지
않는다. 가볍고 다루기 쉬운 것이
좋다. '가루이자와 바스켓' **B**

빵의 역사

고대의 빵

[기원전 6000년경 메소포타미아]
빵의 기원은 기원전 6000년경부터 시작되었습니다. 보리 가루에 물을 부어 얇게 구운 갈레트Galette를 먹기 시작했으며, 무발효 빵의 원형이라고 할 수 있습니다.
밀가루는 더 거슬러 올라가서 기원전 8000년경 메소포타미아 문명의 발원지에서 활발히 재배되었습니다.

[기원전 3200~200년 고대 이집트]
이 무렵에는 고대 이집트에 빵이 전해졌습니다. 빵을 만들다가 하룻밤 방치한 무발효 빵 반죽에 우연히 천연 효모가 붙어서 부풀었는데 그것을 구웠더니 맛이 아주 좋아 발효 빵이 탄생하게 되었습니다. 사람들은 이 발효 빵을 '신이 주신 선물'이라고 하며 기뻐했다고 합니다.

[기원전 735년~5세기 고대 로마]
그 뒤로 빵 제조법은 고대 이집트에서 고대 그리스, 고대 로마로 전해졌습니다. 로마 제국의 번영과 함께 빵 문화도 널리 퍼지면서 로마 시대에는 254여 개의 빵집이 늘어섰습니다. 빵집은 조합을 만들었고 제빵 학교나 국영 빵 공장도 만들어졌으며 제빵 장인의 지위도 높아졌습니다. 그뿐만 아니라 기술이 개발되면서 빵의 대량 생산도 가능해졌습니다. 로마의 폼페이 유적지에는 보리를 갈던 맷돌과 빵을 굽던 가마가 놓여 있는 것을 볼 수 있습니다.

유럽의 빵

[5~12세기]
로마 제국이 멸망할 즈음 빵은 기독교와 함께 전 유럽에 널리 퍼졌고, 그 기술은 교회나 수도원으로 전해졌습니다. 12세기 무렵, 부유층은 체에 거른 가루로 만든 '흰 빵'을, 일반 시민은 거르고 남은 가루로 만든 '검은 빵'을 먹는 것으로 사회 계급이 빵 색깔에 반영되었다고 합니다.

[14~17세기]
이탈리아에서 르네상스가 일어난 이 시기에는 빵 기술이 크게 비약했습니다. 16세기에는 프랑스 왕가와 이탈리아 메디치 가문이 혼인을 하면서, 많은 제빵사가 프랑스로 건너갔고 17세기에는 비로소 세련된 프랑스빵이 완성되었습니다.
이 무렵 오스트리아 합스부르크 가문의 마리 앙투아네트가 프랑스 왕실과 혼인함으로써 프랑스에 크루아상을 들여왔다는 이야기도 있습니다.

기원전 6000년경에 무발효 빵이 처음 만들어지면서
빵의 역사는 오랫동안 우리 생활에 밀착하여 발전을 거듭했습니다.
고대 유럽에서 현재에 이르기까지 흐름을 살펴봅시다.

그 밖의 지역 빵

[미국]
미국은 유럽에서 건너온 이주민 덕분에 여러 나라의 빵 문화가 유입되었습니다. 긴 세월이 흐르고 다양한 문화가 융합되면서 현재에 이르렀습니다. 1493년 콜럼버스가 아메리카 대륙에서 발견한 옥수수와 유럽의 빵 문화가 만나 콘 브레드Corn Bread가 탄생했고, 지금도 미국 가정에 친숙한 빵입니다.

[중국]
중국에서는 오래전부터 찌는 조리법이 많았기 때문에 보리가 유입된 당시에도 찌는 방식으로 조리되었습니다. 발효시킨 반죽을 찐 것은 증병蒸餠이라고 불렀습니다.

일본의 빵

[기원전 200년경 아스카 시대]
중국에서 일본으로 밀이 전해진 것은 기원전 200년경의 아스카 시대입니다. 당시 사람들은 밀가루를 물에 개어 증병처럼 구워서 먹었습니다. 그 후 806년에 앞서 말한 중국의 증병이 전해지면서 찐빵을 먹게 되었습니다.

[16·17세기 전국 시대~에도 시대]
16세기에는 포르투갈로부터 기독교와 함께 발효빵이 전해졌습니다. 하지만 에도 시대로 접어들어 쇄국령이 시행되면서 빵이 금지되었습니다. 그러다 빵이 다시 세상의 빛을 보게 된 것은 에도 시대 말기였습니다. 영국과의 전쟁으로 군사용 건빵이 만들어졌으며,

도넛 형태의 건빵을 항상 허리춤에 차고 만일의 경우에 대비했다고 합니다.

[1860년대 요코하마 개항]
요코하마 개항이 시작되자 본격적으로 서양의 빵이 만들어졌습니다. 처음으로 빵집이 생기고 서양인 취향의 영국 빵과 프랑스빵이 구워졌으며, 나아가 일본인 입맛에 맞는 빵을 연구하기 시작했습니다. 그렇게 개발되어 엄청난 인기를 끈 것이 단팥빵입니다. 특히 메이지 일왕에게 헌상하기 위해 만들어진 '벚꽃 단팥빵'은 오늘날에도 꾸준히 사랑받고 있습니다.

[1940년대~전후~현대]
제2차 세계대전이 끝나고 미국에서 대량의 밀가루가 유입되면서 학교 급식으로 쿠페 빵이 배급되기 시작했습니다. 그 후 양산형 빵 공장이 속속 생겨났고, 빵은 순식간에 일본의 식문화 속으로 스며들었습니다. 주요 식량이었던 쌀과 양대 산맥을 이루게 된 것입니다.

이후 독자적인 과자 빵이나 간식 빵이 진화를 거듭했고, 프랑스, 독일 등의 유럽 빵이 수입되면서 어떤 나라의 빵이든 손쉽게 접할 수 있는 환경으로 성장했습니다.

유럽의 빵 사정
Part 2

호밀빵은 우리에게는 아직 낯설지만 유럽에서는 전문점이 있을 정도로 대중적입니다.
오스트리아의 호밀빵을 살펴보고 어떻게 먹으면 좋을지 알아봅시다.

가게 안으로 들어가면 미슈브로트의 고소한 향이 물씬 풍기고, 알록달록한 오픈 샌드위치가 식욕을 돋운다. 손바닥만한 작은 크기여서 여러 종류를 사는 사람이 많다.

독특한 산미와 식감이 있는 호밀빵은 영양소가 풍부하고 포만감도 좋아서 아침 식사나 출출할 때 먹으면 좋은 빵입니다. 독일이나 오스트리아에서는 오픈 샌드위치로도 사랑받습니다.

사진으로 담은 오스트리아 빈의 유명한 카페에서는 호밀빵으로 만든 샌드위치가 인기 있습니다. 빵은 미슈브로트 한 종류만 있으며, 유리 진열장에는 알록달록한 오픈 샌드위치가 줄지어 있습니다. 달걀과 참치, 베이컨 등을 페이스트로 토핑한 것이 기본입니다. 어떤 재료도 미슈브로트의 풍미와 식감에 잘 어울리는 맛으로, 눈 깜짝할 새에 매진된다고 합니다.

빵 만들기 용어집

빵을 즐기기에 앞서 제조법을 알아 두면 한층 깊은 맛을 느낄 수 있습니다. 레시피를 볼 때 참고해 주세요.

1차 발효=반죽 발효

믹싱한 반죽을 분할하기까지 진행되는 발효. 발효 중 빵효모(이스트)가 탄산 가스를 생성하는데, 기포에 가스가 축적되고 팽창하여 반죽이 부푼다. 이에 따라 글루텐이 형성되고, 반죽의 신전성(늘어나는 성질)이 높아진다. 빵효모와 유산균은 빵의 향과 풍미를 만들어 내기 때문에 1차 발효는 빵의 좋고 나쁨을 결정하는 중요한 공정이다. 일반적인 발효의 환경 조건은 온도 27도, 습도 75%이다.

2차 발효=최종 발효

성형 후 오븐에 넣기 전에 발효하는 공정이다. 오븐의 열팽창과 가열 상태를 이상적으로 만들기 위해 빼놓을 수 없는 중요한 공정이다. 고온 다습한 환경이 필수 조건으로, 온도 38도, 습도 85~90%가 일반적이다. 프랑스빵 같은 직접 굽기 빵이나 데니시 페이스트리처럼 융점(녹는점)이 낮은 유지를 사용할 때는 온도 27도, 습도 75%가 일반적이다. 집에서 발효시킬 때는 큰 용기에 넣어서 발효시킨다(129쪽 참조).

가루 뿌리기

빵의 반죽을 늘리거나 성형할 때 반죽이 들러붙지 않도록 작업대나 손, 밀대에 가루를 뿌리는 행위를 말한다. 너무 많이 뿌리면 반죽이 딱딱해지기 때문에 주의해야 한다. 일반적으로는 강력분을 사용한다.

가스 빼기=펀치

(170쪽 참조)

굽기

반죽을 오븐에 넣어서 굽는 것을 말한다. 오븐 안에서 오븐 스프링(빵을 구울 때 생기는 반죽의 변화)이 일어나며, 크러스트가 형성·착색되고, 빵이 구워지는 등 빵의 품질이 결정된다. 제빵에 있어서 가장 중요한 공정이다.

굽는 틀=빵틀

반죽을 넣어서 굽는 금속제나 실리콘제의 틀을 가리킨다. 식빵틀, 브리오슈 틀, 구겔호프 틀, 코로네 틀 등 빵에 맞춰서 사용한다.

글루텐

밀가루에 포함된 글리아딘Gliadin과 글루테닌Glutenin이라는 단백질이 물과 섞이면서 형성되는 성분이다. 탄력성과 점착성이 있다. 반죽이 늘어나고 부풀어 오르는 것은 글루텐 덕분이다. 또 글루텐을 만드는 단백질의 함유량에 따라 밀가루 이름이 바뀐다. 단백질이 많은 순서로, 강력분, 준강력분, 중력분, 박력분이 있다.

기포=기포 구조

크럼의 기포 구조로 그레인Grain이라고도 한다. 빵을 잘랐을 때 단면에 보이는 기포의 모양을 말한다. 빵의 종류에 따라 기포의 크기, 형태, 분포 상태 등의 좋은 형태가 다르다.

노면법=고생지법

미리 만든 발효 반죽을 발효종으로 사용하여 새로운 빵 반죽을 준비하는 제조법. 대부분 전날 반죽을 이용하기 때문에 '고생지법'이라고도 불린다. 독특한 산미가 있는 점이 특징이다.

노타임법

스트레이트법의 일종이다. 제빵에 들이는 시간을 대폭으로 단축하기 위해 빵효모(이스트)와 산화제를 넣고 1차 발효를 0~30분 안에 끝낸다. 믹싱을 최대한 많이 하는 것이 관건이다. 스트레이트법에 비하면 크럼의 입자가 촘촘하고 부드러운 식감이 된다. 하지만 발효 시간이 짧은 만큼 풍미와 향은 떨어진다.

노화

시간이 흘러 빵이 푸석푸석해지고 딱딱해져서 풍미가 저하되는 현상을 말한다. 호화糊化한 전분이 노화되어 굳어진다. 일반적으로 유지, 설탕, 달걀 등을 많이 함유한 빵이나 중종법으로 만든 빵은 노화가 느린 편이다. 빵은 5도 전후에서 최대로 노화가 진행되고 빵을 냉장하면 급속도로 노화하니 주의한다. 노화를 늦추는 첨가물의 총칭을 노화 방지제라고 한다.

르뱅

'발효종'이라는 의미의 프랑스어. 천연 효모를 사용한 발효종을 '르뱅 나튀렐Levain Naturel'이라고 한다.

리치 타입

린 타입의 빵과 반대로, 가루, 빵효모, 물, 소금의 주재료에 설탕, 유지, 달걀, 유제품 등의 부재료를 포함한 빵을 일컫는다. 대표적인 예는 프랑스의 크루아상, 브리오슈 등이 있다. '리치 타입의 빵'이라 부른다.

리테일 베이커리

가게 안에서 제조와 판매가 동시에 이루어지는 일체형 빵집을 말한다.

린 타입

가루, 빵효모, 물, 소금을 주재료로 하며, 설탕, 유지, 달걀, 유제품 등의 부재료는 거의 포함하지 않은 단순한 맛의 빵을 말한다. 대표적인 예로는 프랑스의 바게트가 있다. '린 타입의 빵'이라 부른다.

믹싱＝혼합

빵을 만들 때 필요한 재료를 섞어서 반죽하는 작업을 말한다. 재료를 섞으면 밀가루와 물 때문에 글루텐이 형성된다. 이를 반죽하면 반죽에 탄력이 생기고 부드러워진다. 이때 반죽에 공기가 들어가면서 반죽 안의 기포 구조가 나타난다. 빵 반죽의 성질이 결정되는 중요한 공정이다. 스트레이트법처럼 반죽의 발효 시간이 길면 믹싱을 적게 하고, 반대로 중종법이나 노타임법처럼 단시간에 반죽을 발효할 때는 믹싱을 최대한 많이 한다.

바네통

불이나 캄파뉴처럼 대형 프랑스 빵을 발효시키기 위한 바구니. 밀가루를 뿌려서 반죽을 넣고 발효한다. 바네통에 넣어 발효시킨 반죽은 바구니의 선 모양이 찍혀서 그대로 구워진다.

반죽 온도

믹싱 직후의 반죽 온도를 말한다. 반죽에 온도계를 꽂고 잰다. 반죽 온도는 발효에 큰 영향을 미치기 때문에 빵효모(이스트)가 활발해지기 쉬운 온도로 맞춘다. 빵의 종류와 제조법에 따라 바뀌지만 표준적인 온도는 27~28도이다. 실온이거나 사용하는 물의 온도가 조금이라도 달라지면 반죽 온도가 바뀌기 때문에 조정이 필수이다.

발효종법

재료의 일부로 발효종을 만든 다음 남은 재료와 믹싱해서 반죽을 완성시키는 제조법의 총칭으로, 중종법, 사워종법 등이 해당된다. 종을 만들기 전 공정이 없는 스트레이트법과 비교하면 발효종을 만드는 작업이 까다롭지만 발효종으로 인한 다양한 풍미가 반죽과 빵에 드러난다.

배터

일반 반죽보다 수분이 많고 유동성도 높은 질척한 반죽. 스트레이트법의 경우, 먼저 가루의 일부를 사용해서 배터를 만들어두면 나중에 추가로 섞는 가루가 더 부드럽게 잘 스며든다.

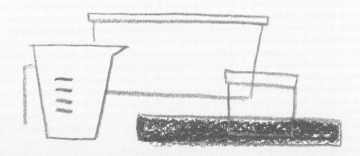

벤치 타임=휴지 시간

분할해서 동그랗게 만든 반죽을 잠시 놔두는 것. 둥글게 뭉쳐진 상태로는 탄력이 좋지 않기 때문에, 잘 늘어나도록 하여 성형하기 좋게 만드는 것이 목적이다. 1차 발효 때와 같은 온도 및 습도로 맞추는 것이 좋다. 벤치 타임이 부족하면 반죽이 잘 늘어나지 않고 쉽게 끊어진다. 반죽의 성질이나 성형 방법에 따라 적절한 휴지 시간이 다르지만, 일반적으로 중종법은 15~20분, 스트레이트법은 20~25분, 스트레이트법으로 만드는 프랑스빵은 30분이 기준이다.

빵효모=이스트

빵 제조에 사용하는 효모를 말한다. 당밀이 영양원이며 통기 배양된다. 배양한 것을 압착한 것은 '생 이스트'라고 부르고 건조한 것은 '드라이이스트'라고 부른다. 빵효모는 빵 반죽 안의 당류를 발효함으로써 이산화탄소, 에탄올, 미량의 에스테르 같은 향기 성분을 생성한다. 빵의 부푼 형태, 식감, 향, 풍미 모두 빵효모 없이는 만들기 어렵다.

사워종법=발효종법

효모와 유산균이 다량으로 함유된 초종을 만든 다음, 이를 이용해 반죽을 만드는 방법이다. 사워종은 유산균의 활성이 높기 때문에 산미와 독특한 풍미가 있다. 독일 빵의 산미는 이 제조법에서 비롯된다.

성형

벤치 타임 후 반죽을 최종 형태로 정리하는 것을 말한다. 기포의 형태에 따라서도 식감의 차이가 나타나기 때문에 원하는 반죽의 상태를 만들기 위해 중요한 공정이다. 손으로 하는 성형과 기계로 하는 성형이 있다.

소감률=소감 로스

빵 반죽의 수분이 오븐에서 어느 정도 줄었는지를 나타낸 수치. 단위는 %. 빵의 굽는 정도를 판단하는 기준이 되며, 빵의 종류에 따라 이상적인 수치가 다르다. 각형 식빵에서는 10~11%가 이상적이다.

스크래치 베이커리

빵 반죽을 만들고 굽는 모든 제빵 공정을 그 자리에서 하는 빵집을 말한다.

스트레이트법=직접 반죽법

모든 재료를 한꺼번에 믹싱하는 제조법. 가장 기본적인 제조법으로 집에서 빵을 만들 때 주로 사용한다. 공정은 믹싱 → 1차 발효(도중에 펀치) → 분할·공 모양 → 벤치 타임 → 성형 → 최종 발효 → 굽기로 진행된다.
반죽의 발효 조절이 어렵고 재료의 품질과 배합이 조금이라도 틀어지면 제품에 영향이 미친다. 또 제품의 노화가 빠르다는 단점이 있다. 하지만 반죽 자체의 풍미가 좋고 원재료의 개성이 빵에 그대로 드러나며, 탄력 있는 쫀득한 빵을 만들 수 있는 등 맛의 면에서 큰 이점이 있다.

스펀지법=중종법

(170쪽 참조)

액종법

물에 빵효모(이스트)와 설탕을 넣은 액체 베이스의 액종을 만들어서 노타임법의 반죽 시 넣는 제조법이다. 노타임법으로 만든 빵효모의 향, 풍미 등을 개선하기 위한 제조법이지만 스트레이트법이나 중종법과 비교하면 풍미와 향이 부족하여 잘 사용하지 않는다. '브류법Brew Method'이라고도 한다.

언더 믹싱

반죽의 믹싱이 부족한 상태를 말한다. 손 반죽을 할 때 언더 믹싱Under Mixing인 경우가 많다. 반죽 안의 글루텐이 덜 형성되기 때문에 반죽의 탄력이 좋지 않아서 잘 부풀지 않는다.

오버나이트 중종법

중종법의 한 종류이다. 전날 중종을 미리 만들어 냉장고에서 하룻밤 발효시키고 다음 날 제빵 작업을 본반죽부터 시작하는 방법이다. 산미가 형성되기 쉽고, 약 10시간 동안 발효를 유지하기 위해 물, 빵효모(이스트)의 양, 반죽 온도 등의 조절이 필요하다. 반죽의 안정성이 그리 좋지 않기 때문에 최근에는 잘 사용하지 않는다.

오버 믹싱

반죽의 믹싱이 지나친 상태를 말한다. 그물 모양의 글루텐 구조가 필요 이상으로 늘어지거나 잘려서 반죽의 탄력성이 오히려 저하되고 질척인다. 기계로 만들 때 주로 나타나며, 손 반죽은 오버 믹싱Over Mixing될 가능성이 거의 없다.

오븐 프레시 베이커리

빵 제조와 판매를 동시에 하는 빵집을 가리킨다. 특히 슈퍼마켓 내의 오븐 프레시 베이커리Oven Fresh Bakery는 인스토어 베이커리Instore Bakery라고 불린다. 반죽을 만들고 굽는 스크래치 베이커리Scratch Bakery(169쪽 참조)와 공장용 냉동 반죽을 이용하여 굽기만 하는 베이크드 오프 베이커리Baked Off Bakery가 있다. 모두 갓 구운 빵을 맛볼 수 있다.

이스트 = 빵효모

(169쪽 참조)

종 만들기

천연 효모를 발효원으로 할 때 천연 효모를 증식시키는 작업. 시간이 많이 걸리고 경험이 필요하다.

주종법

예부터 전해 내려온 일본 특유의 제조법. 누룩을 사용해서 주종을 만든다. 1869년 현재의 기무라야소혼텐이 과자에 사용되었던 제조법을 변형하여 '주종 단팥빵'을 개발하면서 처음으로 빵에 사용했다. 이후 빵효모(이스트)가 유입되기 전까지 단팥빵과 크림빵 같은 과자 빵에 사용되었다. 껍질이 얇고 부드러우며 노화가 느린 빵을 만든다.

중종법 = 스펀지법

빵효모를 사용한 발효종법의 한 종류이다. 밀가루, 빵효모, 물을 사용해서 발효종을 만들고, 그것을 중종으로 사용하는 제조법이다. 공정은 중종 믹싱 → 중종 발효 → 반죽 믹싱 → 플로어 타임(단시간 발효) → 분할·공 모양 → 벤치 타임 → 성형 → 최종 발효 → 굽기로 진행된다.

중종은 4시간 정도 걸려서 발효되고, 필요한 밀가루는 사용하는 밀가루 전량의 70%를 활용하는 것이 일반적이다. 이 중종을 스펀지라고 부르기 때문에 '스펀지법Sponge Dough Method'이라고도 한다.

스트레이트법에 비해 까다롭지만 그만큼 반죽은 부드러워지고 폭신한 식감으로 완성된다. 노화도 느리기 때문에 대량 생산하는 대기업 제빵 공장에서 주로 이용하는 제조법이다.

직접 굽기

틀이나 팬을 사용하지 않고 오븐의 구움대에 직접 반죽을 놓고 굽는 것을 말한다. 이러한 방법으로 구운 빵을 '직접 굽기 빵' 또는 '하스 브레드Hearth Bread'라고 한다.

직접 반죽법 = 스트레이트법

(169쪽 참조)

초종 = 원종

사워종에 필요한 효모, 유산균 등을 증식시킨 것으로 '스타터Starter'라고도 한다. 사워종을 만들기 위한 1단계 상태를 말한다.

최종 발효기

최종 발효(2차 발효)를 적절하게 하기 위해 온도와 습도를 관리할 수 있는 기계. 일반적으로 내부는 온도 38도, 습도 85%로 관리되며 반죽에 맞춰서 조정할 수 있다. 이 기계를 '2차 발효기' 혹은 '파이널 프루퍼Final Proofer'라고도 한다.

쿠프

오븐에 넣기 전 반죽 표면에 칼집을 내는 것을 말한다. 쿠프에 따라 반죽의 상부와 하부의 온도가 달라진다. 쿠프를 넣은 아랫부분의 반죽은 온도가 느리게 올라가기 때문에 천천히 부풀어 올라, 예쁜 모양으로 완성된다. 바게트를 비롯한 하드 계열 빵에는 대부분 쿠프가 들어간다.

크러스트

껍질이나 귀퉁이 등 빵의 외피를 말한다. 금방 구운 빵은 크러스트가 부들부들하지만 시간이 지나면 빵 속의 수분을 흡수하여 고무처럼 변한다. 또 포장하지 않고 장시간 방치하면 딱딱해진다.

크럼

빵의 속살을 말한다. 맛있는 크럼은 금방 구운 것이 가장 촉촉하며 쫄깃하고 쫀쫀하다. 기포가 생긴 방식에 따라 식감이 바뀐다. 크럼의 기포는 제빵 작업 시 좌우된다.

펀치 = 가스 빼기

반죽의 탄성을 높이기 위해 발효 중인 반죽을 접고 눌러 글루텐을 활성화하는 작업이다. 반죽의 탄성을 어디까지 높일 지에 따라 접는 강도가 달라진다. 또한 기포 수를 증가시키기 때문

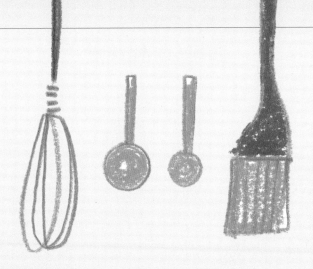

에, 원하는 기포 수를 정해서 펀
치의 강도를 조정한다.

폴리시법 = 밀가루액종법

발효종에 같은 양의 가루와 물
을 넣고 폴리시종(밀가루액종)을
만들어서 나머지 재료를 믹싱하
는 제조법. 미국에서 액종법의
결점을 커버하기 위해 이용되었
다. 일반적으로 종의 수분 양과
밀가루 양은 동일하다. 밀가루의
양에 따라 제품의 완성도는 다
르지만, 발효를 잘하면 향, 풍미,
식감 모두 풍부한 빵으로 완성
된다.

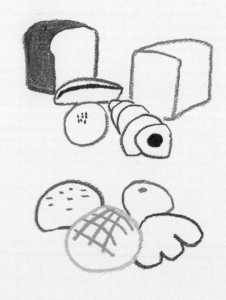

흡수율

가루에 물을 넣어 반죽할 때 필
요한 물 양의 비율을 말한다. 밀
가루의 질, 그 밖의 재료 사용량.
반죽 방법이나 반죽 온도에 따
라서도 꽤 차이가 난다. 빵을 만
들 때는 목적에 맞는 흡수량이
중요하므로, 정확히 판단하기 위
해서는 경험이 필요하다.

BREAD INDEX

Part 1에 소개된 빵과
해설한 쪽을 표기했습니다.

참고 문헌

《독일 국립제빵학교 강사가 알려 주는 독일 제빵》 일본빵
기술연구소
《따끈따끈 빵 도감》 슈후노도모샤
《빵 '요령'의 과학》 시바타쇼텐
《빵 사전》 아사히야 출판
《빵 입문》 니혼쇼쿠료신분샤
《빵 컨시어지 검정 2급 공식 텍스트》 지쓰교노니혼샤
《빵 컨시어지 검정 3급 공식 텍스트》 지쓰교노니혼샤
《빵빵코디》 비앤씨월드
《빵의 기본 대도감》 고단샤
《서독의 브로트와 브뢰첸》 일본빵기술연구소
《프랑스빵 세계의 빵 본격 제빵 기술》 일본빵기술연구소
《프랑스빵》 스루가다이 출판사

SHOP LIST

빵 협력

a 안데르센 www.andersen.co.jp

일본에서 처음으로 데니시 페이스트리를 판매한 빵집. 덴마크의 스타일을 지향하며 빵이 있는 풍요로운 생활을 제안한다. 유럽 빵 위주로 맛볼 수 있다.

b 이태리 다이칸야마 www.eataly.co.jp

이탈리아 토리노에서 시작된, 일본 최대의 이탈리아 식자재 상점이다. 카페에서는 생 햄과 치즈를 넣은 파니니를 맛볼 수 있다.

※ 현재 이태리 다이칸야마는 폐점하여 빵을 취급하지 않습니다.

c 기노쿠니야 인터내셔널

유럽과 미국, 아시아 등 세계 각국의 빵을 마스터한 제빵 명장의 다양한 빵을 만날 수 있다. 전통적이면서도 질리지 않는 맛이 매력이다.

d 기무라야소혼텐 www.kimuraya-sohonten.co.jp

1869년 창업 이래, 주종 단팥빵과 잼빵 등 일본인 입맛에 맞는 빵을 고안해 온 오래된 빵집. 긴자에 본점이 있다. 주종을 사용한 부드러운 반죽의 과자 빵이 특히 인기가 있다.

e 그루네 베이커리

이름은 '녹색의 빵집'이라는 의미이다. 그루네Grune에는 '미숙한'이라는 의미도 있다. 시간과 정성이 많이 들어가는 스위스 제빵법으로 첨가물을 넣지 않고 건강한 빵을 굽는다.

f 탄네 http://sites.google.com/site/doitsupantanne

독일 빵을 전문으로 판매한다. 가게에 진열된 빵은 독일인 명장에게 배운 수제 빵들이다. 전통적인 제조법을 지킨 고유의 맛을 즐길 수 있다. 계절마다 오리지널 상품이나 독일 치즈도 판매한다.

g 투카누스 www.pjgroup.jp/tucanos

현지의 맛을 즐길 수 있는 브라질 요리 레스토랑. 치즈를 듬뿍 얹은 팡 지 케이주는 가게에서 직접 굽는다. 다양한 종류의 브라질 바비큐 '슈하스코Churrasco'가 인기 메뉴이다.

h 터키 레스토랑 코냐

터키인 셰프의 다채로운 메뉴는 어떤 것을 먹어도 현지의 맛이 물씬 느껴진다. 피데나 에크멕은 금방 구워 따끈따끈하게 즐길 수 있다. 다양한 재료를 올린 피데는 꼭 맛봐야 할 요리이다.

도구·재료 협력

쿠오카cuoca
www.cuoca.com

주식회사 일본 니더
kneader.jp

마지마야 과자 도구점
www.rakuten.ne.jp/gold/majimaya

빵 관련 소품 협력

 가나아미쓰지
www.kanaamitsuji.com

 가루이자와 포레스트

i 동크 www.donq.co.jp

1905년에 고베에서 처음 문을 열었다. 프랑스빵을 일본에 알리겠다는 선대의 마음을 이어받아 전통적인 제조법과 높은 기술력을 가진 제빵사의 빵을 전국에서 맛볼 수 있다.

j 파오파오

도쿄 산겐자야의 나카미세 상점가에 있는 중화만두 포장 전문점. 쇼케이스에는 다양한 재료의 고기만두와 중화만두가 진열되어 있다. 그 자리에서 따뜻하게 데워 주기도 한다.

k 베이커리 카페 린데 www.lindtraud.com

도쿄 기치조지에 본점을 둔 독일 빵 전문점. 식사 빵부터 과자 빵, 구운 과자까지 종류가 다양해 매력적이다. 계절 한정 상품도 인기가 높고, 인터넷으로도 판매한다.

www.benelic.com/moomin_cafe

l 무민 베이커리 & 카페

베이커리에는 핀란드의 빵이나 동화 '무민'을 모티브로 한 귀여운 빵이 진열되어 있다. 빵과 함께 계절 요리를 먹어 볼 수 있다. 무민 굿즈도 진열되어 있다.

©Moomin Characters™

m 뭄바이 www.mumbaijapan.com

도쿄 사이타마에 많은 점포가 있는 인도 요리 레스토랑. 다양한 카레, 치킨과 채소 그릴은 난과 찰떡궁합이다. 식후에는 라씨나 마살라 차이 등의 음료를 마셔 보는 것도 좋다.

n 모르겐 베이커리

도쿄의 무사시노다이역 바로 앞에 위치하며, 나무의 온기가 느껴지는 가게에는 스위스 위주의 유럽 빵이 잔뜩 모여 있다. 스위스 유학파인 오너가 만든 빵은 깊은 풍미에 중독되는 맛이다.

www.rogovski.co.jp

o 러시아 요리 시부야 로고스키 긴자 본점

1951년에 창업한 일본 최초의 러시아 요리 레스토랑. 명물인 피로시키나 검은 빵은 포장도 가능하다. 보르시를 시작으로, 러시아 전통의 맛을 즐길 수 있다.

p 로미나

멕시코와 페루 등 다양한 남미 요리를 즐길 수 있는 레스토랑. 토르티야를 즐기려면 멕시칸 소스를 품은 타코나 고기 그릴 '파히타Fajita'를 추천한다.

C 쿠오카 cuoca
www.cuoca.com

D 지유가오카 윙

E STUDIO M'
www.marumitsu.jp

F TORSO
www.torso-design.com

일반사단법인 일본빵기술연구소 소장
이노우에 요시후미 감수

1955년에 태어나 도쿄 농업대학 대학원 석사 과정 농예화학을 수료했다. 1980년 주식회사 도큐푸드에 입사하여 베이커리 사업부에서 주로 제품 개발을 담당했다. 1989년 사단법인 일본빵기술연구소에 입소 후, 2년 반 동안 캐나다의 매니토바주립대학 연구원으로 냉동 반죽의 제빵성에 대해 연구했다. 1995년 뉴질랜드 식품 곡물연구소장 객원 연구원으로 활약했고, 1997년에는 박사 학위를 취득했다(도쿄 농업대학 농학박사). 2002년부터 일본빵기술연구소 소장으로 역임 중이다. 지은 책으로는 《빵 입문》이 있다.

박지은 옮김

대학에서 일본어와 일본학을 전공했고, 현재 바른번역 소속 번역가로 활동 중이다. '오롯이, 담담히, 그득히'를 지향하며 번역과 기획에 매진하고 있다. 옮긴 책으로는 《식빵을 맛있게 먹는 99가지 방법》, 《투데이즈 샌드위치》, 《나답게 행복하게》, 《블루블랙》 등이 있다.

세상의 맛있는 빵도감

1쇄 – 2019년 1월 8일
4쇄 – 2022년 10월 5일
감수자 – 이노우에 요시후미
옮긴이 – 박지은
발행인 – 허진
발행처 – 진선출판사(주)
편집 – 김경미, 최윤선, 최지혜
디자인 – 고은정, 김은희
총무·마케팅 – 유재수, 나미영, 허인화
주소 – 서울시 종로구 삼일대로 457 (경운동 88번지)
　　　수운회관 15층
　　　전화 (02)720-5990 팩스 (02)739-2129
　　　홈페이지 www.jinsun.co.kr
등록 – 1975년 9월 3일 10-92

※책값은 뒤표지에 있습니다.

ISBN 978-89-7221-578-3 13590

Special Thanks

다마이 이즈미(150~161쪽)
사토 준(124~144쪽)
일본빵기술연구소 강사진
니헤이 도시오(주식회사 동크 고문)

STAFF

사진 나카시마 사토미
일러스트 다니야마 아야코
디자인 NILSON design studio
편집 구성 시이나 에리코, 가와나베 치에,
후지카도 쿄코, 쿠사노 마유(주식회사 스리시즌)
기획 나리타 하루카(주식회사 마이나비 출판)
식기 협력 STUDIO M'
사진 협력 야마시타 타마오

SHINBAN PAN NO ZUKAN supervised by Yoshifumi Inoue, Director of Japan Institute of Baking
Copyright © 2017 Yoshifumi Inoue, 3season Co.,Ltd.
All rights reserved.
Original Japanese edition published by Mynavi Publishing Corporation
This Korean edition is published by arrangement with Mynavi Publishing Corporation, Tokyo
in care of Tuttle-Mori Agency, Inc., Tokyo through Botong Agency, Seoul.